Sitzungsberichte der
Akademie der Wissenschaften
der DDR
Mathematik – Naturwissenschaften – Technik

14 N
1975

Hans-Jürgen Treder

# Geometrisierung der Physik und Physikalisierung der Geometrie

AKADEMIE-VERLAG · BERLIN

Sitzungsberichte
der Akademie der Wissenschaften der DDR Jahrgang 1975 Nr. 14/N
Mathematik — Naturwissenschaften — Technik

Hans-Jürgen Treder

# Der heutige Stand der Geometrisierung der Physik und der Physikalisierung der Geometrie

AKADEMIE-VERLAG · BERLIN
1976

Erweiterter Vortrag von Hans-Jürgen Treder,
Ordentliches Mitglied der Akademie der Wissenschaften der DDR
sowie Diskussionsbeitrag von Karl Schröter,
Ordentliches Mitglied der Akademie der Wissenschaften der DDR
im Plenum der AdW der DDR
am 17. April 1975

Herausgegeben im Auftrage des
Präsidenten der Akademie der
Wissenschaften der DDR
von Vizepräsident Prof. Dr. Heinrich Scheel

Erschienen im Akademie-Verlag, 108 Berlin, Leipziger Straße 3/4

Lizenznummer: 202 · 100/164/76
Gesamtherstellung: VEB Druckhaus Köthen
Bestellnummer: 752 989 2 (2010/75/14/N) · LSV 1115
Printed in GDR
EVP 4,–

## Inhalt

Hans-Jürgen Treder

## Der heutige Stand der Geometrisierung der Physik und der Physikalisierung der Geometrie

Als es um 1900 ersichtlich wurde, daß die Deutungskraft der klassischen physikalischen Theorien an die Grenzen ihrer Leistungsfähigkeit gelangt war und nicht mehr zureichte, um die Prozesse und Strukturen bei großen Geschwindigkeiten und Energien und für kleine räumliche und zeitliche Distanzen zu erfassen, ging EINSTEIN anders als die hervorragenden Physiker vor, die seine Zeitgenossen waren. EINSTEIN versuchte nicht, die alten, vielfach bewährten Theoriengebäude weiter auszubauen oder umzuformen. Er ging vielmehr auf die ursprünglichen Fragestellungen zurück, die einst zu deren Begründung geführt hatten. EINSTEIN schloß in der Mechanik direkt an GALILEI und in der Elektrodynamik bei FARADAY an und entwickelte die von diesen geschaffenen Grundbegriffe der Physik auf neue Weise. EINSTEIN zeigte, daß die mathematisch formulierten Grundgesetze einer physikalischen Theorie ein in sich logisch geschlossenes System von Meßvorschriften für die Experimental-Physik bilden, während umgekehrt die Experimente und Messungen erst durch die Einordnung in eine solche Theorie eine erkenntnismäßige Bedeutung bekommen.

Auf diese Weise gelangte EINSTEIN zu einer ersten Synthese der Mechanik von GALILEI und NEWTON mit der Feldtheorie von FARADAY und MAXWELL durch seine Neukonzeption der physikalischen Raum-Zeit-Vorstellung. Statt des Raumes, des Inbegriffs der Lagebeziehungen zwischen Punkten, erkannte EINSTEIN, daß die Einheit von Raum und Zeit als Inbegriff der Kausalitätsbeziehungen zwischen den „Ereignissen" das gemeinsame Fundament von Geometrie, Chronometrie und Bewegungslehre ist. Dieses Ergebnis seiner Speziellen Relativitätstheorie von 1905 ermöglichte es EINSTEIN dann 1915, auch die Dynamik, die Lehre von den Kräften, mit der Raum-Zeit-Geometrie zu verschmelzen. EINSTEIN formulierte hierbei sein Allgemeines Relativitätsprinzip, nach dem die für einen Weltpunkt als gültig festgestellten elementaren Naturgesetze überall im Raum und zu jeder Zeit gültig sind. Diese scharfe Formulierung des Prinzips der materiellen Einheit der Welt und der Universalität der Bewegungsgesetze der Materie wurde von EINSTEIN dadurch erreicht, daß er die Geometrie von einer rein mathematischen Disziplin mit Aussagen über denkmögliche Raumstrukturen wieder (wie zur Zeit EUKLIDS) zu einer naturwissenschaftlichen Disziplin mit Aussagen über die im Kosmos tatsächlich realisierten Raum-Zeit-Strukturen machte.

EINSTEINS Relativitätstheorien sind physikalische Theorien über das mathematische Kontinuum im Sinne der Differentialgeometrie von GAUSS und RIEMANN. Diesem Kontinuum, den physikalischen Feldern, steht die atomare Struktur der Materie als Diskontinuum gegenüber. In Gegensatz und Einheit von Kontinuum und Diskontinuum, von Feldern und Teilchen, sah EINSTEIN das neue zentrale Problem der Physik. Als einen Schlüssel zu seiner Behandlung erkannte EINSTEIN PLANCK's Entdeckung des elementaren Wirkungsquantums h. EINSTEINS Quantentheorie des Lichtes und seine anschließende Begründung der Quantenoptik war ein erster entscheidender Schritt zur Quanten- und Wellenmechanik, die dann komplementär allen Teilchen Felder und allen Feldern Teilchen zuordnete. Diese Synthese gelang hier aber nur unter teilweisem Verzicht auf die von EINSTEIN in der Relativitätstheorie formulierten Prinzipien über die Raum-Zeit-Struktur aller Naturgesetze.

Daher sah EINSTEIN die Quantenmechanik nicht als die endgültige Lösung seines Problems der Einheit von Feldern und Teilchen an. EINSTEIN bemerkte, daß eine physikalische Theorie nicht nur in der Lage sein muß, das physikalische Geschehen korrekt darzustellen, sondern daß sie — im Gegensatz zu einer rein mathematischen Theorie — auch so aufgebaut sein muß, daß sie gerade nur die Struktur des realen Kosmos und nichts darüber hinaus enthält. Die Physik muß nach EINSTEIN genau die wirkliche Welt abbilden und darf darüber hinaus nichts über Dinge aussagen, die es in der Realität nicht gibt. Die heutige Quantenmechanik enthält aber nach EINSTEINS Analyse auch solche unphysikalischen Aussagen über irreale Prozesse und gestattet mathematisch neben den physikalischen auch eine Vielzahl von physikalisch nicht verständlichen Strukturen.

So gelangte EINSTEIN schließlich zu dem Ergebnis, daß es noch umfassendere und strengere Naturgesetze geben muß, als sie heute Relativitäts- und Quantentheorie formulieren können. Diese Theorien bestimmen zwar die Bewegungsgesetze der Teilchen im Mikro- und Makro-Kosmos und die Ausbreitung der Felder in Raum und Zeit, sie sind aber nicht in der Lage, vorauszusagen, was für Teilchen und Felder überhaupt existieren können, und zu erklären, weshalb die Atome so klein und das Universum so groß sind.

In seinen grundlegenden Analysen, die zur Begründung der Quanten- und Relativitätstheorie geführt haben, hatte EINSTEIN auch dieses Problem bereits formuliert. In seinen späteren Diskussionen des tatsächlich Erreichten hat dann EINSTEIN immer wieder auf diese offenen Fragen hingewiesen, die durch die gewaltigen Erfolge und ungeahnten Anwendungsmöglichkeiten der neuen Physik zunächst in den Hintergrund traten und oft vergessen wurden. — Erst heute setzt sich allgemein wieder die Erkenntnis durch, wieviel tiefer EINSTEIN auch hier gesehen hat. Wir gelangen zu der Einsicht, daß neue Fortschritte in den physikalischen Grundlagen-Kenntnissen mit einem methodischen Zurückgehen auf EINSTEIN's Grundlagenanalysen verbunden sein müssen. Die zukünftige Physik muß eine umfassende Antwort auf EINSTEIN's Problemstellungen geben können.

## 1. EINSTEIN's *Versuch einer feldtheoretischen Lösung des „Quantenrätsels"*

In seiner grundlegenden — in einer Diskussion mit WALTER RITZ entstandenen — Arbeit „Zum gegenwärtigen Stand des Strahlungsproblems" bemerkte EINSTEIN bereits 1909, „daß das (elektrische) Elementarquantum e ein Fremdling ist in der MAXWELL-LORENTZschen Elektrodynamik". EINSTEIN sprach die Hoffnung aus, daß „die gleiche Modifikation der Theorie, welche das Elementarquantum e als Konsequenz enthält, auch die Quantenstruktur der Strahlung als Konsequenz enthalten wird". — Wie PAULI (1949) in seiner Darstellung von „EINSTEIN's Beitrag zur Quantentheorie" hervorhebt, hat dann später die Quantentheorie zwar die Quantenstruktur der Strahlung hergeleitet, EINSTEIN's erstes Problem aber ungelöst gelassen, so daß etwa die elektrische Elementarladung „auch in der Quantenmechanik ein Fremdling geblieben ist". PAULI hob hervor, daß diese Tatsache für EINSTEIN einer der stärksten Gründe dafür war, an der Endgültigkeit der Schritte zu zweifeln, die zur Quantenmechanik geführt hatten.

EINSTEIN stellte sich dementsprechend in seiner Berliner Zeit die Aufgabe einer Synthese seiner Allgemeinen Relativitätstheorie (ART) und der neuentstehenden Quantenphysik, wobei er der relativistischen Feldtheorie schon deswegen ein logisches Primat zuerkannte, weil diese in der ART einen hohen Reifegrad erreicht hatte. EINSTEIN's allgemein-relativistische Gravitationstheorie ist ja die erste Grundlagen-Theorie der Physik, die mit genuine nichtlinearen Gleichungen arbeitet, und EINSTEIN bemerkte, daß eine derartige Nichtlinearität eine notwendige Voraussetzung dafür ist, daß die Existenz von „diskreten Feldquanten" verständlich werden kann. Eine lineare Theorie mit uneingeschränkter Superponierbarkeit der Felder kann niemals auf ein diskretes Lösungsspektrum führen, wenn nicht Zusatzbedingungen in Form von Grenz- und Eindeutigkeitsbedingungen eingeführt werden. Diese bedeuten dann aber bereits, daß die Felder durch bestimmte, in der Feldtheorie selbst nicht erfaßte Einwirkungen zusammengehalten werden sollen.

Ferner sah EINSTEIN in der ART die erste Theorie, die eine algebraische Überbestimmung der Feldgrößen durch die Feldgleichungen in funktionalanalytisch konsistenter (d. h. kompatibler) Form eingeführt hat. EINSTEIN hatte bei seiner Begründung der ART bemerkt, daß die Überbestimmung eine Auswahl für die Anfangsbedingungen für die Lösung der Feldgleichungen darstellt. EINSTEIN zeigte dann (gemeinsam mit seinem Forschungsassistenten J. GROMMER) in seinen Akademie-Arbeiten über „Allgemeine Relativitätstheorie und Bewegungsgesetz" (1927), daß die „Überbestimmung" gerade die Bewegungsgesetze für die Feldquellen (oder Feldsingularitäten) impliziert. Die homogenen EINSTEINschen Vakuumgleichungen sind uneingeschränkt integrierbar. Für die Kompatibilität der inhomogenen EINSTEINschen Gleichungen, d. h. der Gleichungen mit endlich ausgedehnten oder singulären Quellen des Gravitationsfeldes, ergeben sich aber notwendige Bedingungen an die Dynamik dieser Feldquellen, nämlich gerade diejenigen Bewegungsgesetze, die EINSTEIN's Allgemeines Relativitäts- und Äquivalenzprinzip verlangt.[1]

Diese Eigenschaften der Gravitationsgleichungen der ART führten EINSTEIN auf die Frage, ob zur „Lösung des Quantenproblems" (1923) nicht grundsätzlich eine weitergehende Überbestimmung der Feldgrößen in die Feldtheorie einzubauen sei. Die vollständigen Bedingungen an die Feldgrößen sollten dann nicht mehr — wie in der ART — aus einem HAMILTON-Prinzip ableitbar sein, und die damit entstehende Frage nach den Kompatibilitäts-Bedingungen für die Feldgleichungen erschien EINSTEIN als Zugang zur feldtheoretischen Deduktion von Quanten-Bedingungen. Die Überbestimmung wurde von EINSTEIN als Auswahl-Bedingung bei den (CAUCHY'schen) Anfangswerten für die Lösungen der Feldgleichungen eingebaut. In diesen Auswahlbedingungen sah EINSTEIN eine Art von „gesetzlicher Gebundenheit", die zu der in den Feldgleichungen manifestierten Kausalität hinzutritt. — EINSTEIN's Ansätze zu einer einheitlichen Feldtheorie, die er 1923—1925 und dann wieder seit 1928 der Akademie vorlegte, enthalten z. T. systematische Untersuchungen zum Problem der Überbestimmung und der Kompatibilität der Anfangswerte.

Die Frage des Einbaues der Elementarteilchen in die Feldphysik stellte sich bei EINSTEIN auch als die Frage nach feldtheoretischen Modellen für die (damals allein bekannten) Teilchen, die Elektronen und die Protonen. EINSTEIN suchte nach Lösungen von allgemein-relativistischen Feldgleichungen für das kombinierte Gravitations- und elektromagnetische Feld, die stabile zentralsymmetrische Massen- und Ladungsverteilungen darstellen, wobei EINSTEIN hoffte, daß sich solche selbstkonsistenten Lösungen gerade für diskrete Parameter-Werte von Masse und Ladung, d. h. für ein „Teilchen-Spektrum", ergeben würden.

Dieses „EINSTEINsche Teilchen-Problem" führte Vorstellungen weiter, die bereits im Rahmen der Speziellen Relativitätstheorie (SRT) und der MAXWELL-

Lorentzschen Elektrodynamik etwa in der nichtlinearen Theorie des elektromagnetischen Feldes von G. Mie und D. Hilbert entwickelt worden waren.[2] Einstein sah jedoch als wesentliche Fortschritte der allgemein-relativistischen Behandlung die genuine Nichtlinearität der Feldgleichungen (die Mie und Hilbert ad hoc einführen mußten) und die volle Erfassung der Partikel-Dynamik im Sinne des oben genannten allgemein-relativistischen Bewegungsproblems. Die bei Mie und Hilbert allein betrachteten Verallgemeinerungen der Maxwellschen Feldgleichungen enthalten zu wenig Komponenten, um über die Integrabilitäts-Bedingungen die Teilchendynamik bestimmen zu können. Das Einsteinsche Bewegungsproblem in der ART ergibt aber gerade diese Dynamik als Konsequenz der Integrabilitäts-Bedingungen für die Gravitationsgleichungen. Erst die Einsteinsche ART erfaßt in ihrem metrischen Feld die Trägheit und die Schwere, und damit gerade diejenigen Eigenschaften, die alle Teilchen besitzen.

Einstein konnte tatsächlich selbstkonsistente Gravitations- und elektromagnetische Felder ableiten, die als Teilchenmodelle dieser Art interpretierbar sind. Dies gelang ihm aber nur bei einer Abschwächung seiner eigenen Gravitationsgleichungen, die physikalisch die zusätzliche Einführung eines hypothetischen kosmischen Feldes, des „Poincaréschen Druckes", bedeutet. Diese Abschwächung hat zur Folge, daß selbstkonsistente kugelsymmetrische Teilchenmodelle für beliebige zentralsymmetrische Massen- und Ladungsverteilungen möglich werden.[3] — Dieses Resultat legte Einstein 1919 in seiner Arbeit „Spielen Gravitationsfelder im Aufbau der materiellen Elementarteilchen eine wesentliche Rolle?" der Akademie vor. Er beantwortete die Frage dahingehend, daß bei seinen Teilchenmodellen die elektrische Feldenergie $^3/_4$ und die Gravitationsenergie $^1/_4$ zur Gesamtruhenergie beiträgt.

Einsteins erste Arbeiten zum Teilchenproblem in der ART standen in enger Wechselbeziehung zu denjenigen Arbeiten, mit denen Einstein 1917/18 die relativistische Kosmologie begründete. In seinem Akademie-Bericht „Kosmologische Betrachtungen zur ART" (1917) hatte Einstein seine Gravitationsgleichungen durch die Einführung des Terms $\lambda g_{\mu\nu}$ mit der „kosmologischen Konstante" $\lambda$ zu seinen kosmologischen Gravitationsgleichungen

$$R_{\mu\nu} - \frac{1}{2} g_{\mu\nu} R + \lambda g_{\mu\nu} = -\varkappa T_{\mu\nu}$$

$$\left(\varkappa = \frac{8\pi f}{c^4},\ f - \text{Gravitationskonstante}\right)$$

erweitert. Einstein zeigte, daß diese Gleichungen, als eine spezielle Lösung für $\lambda > 0$ mit konstanter Massendichte $\varrho_0 > 0$ ein statisches Modell des Kosmos gestatten, das einen sphärisch (oder elliptisch) gekrümmten, in sich geschlossenen dreidimensionalen RIEMANNschen Raum darstellt. Die Massendichte dieses „EINSTEIN-Kosmos" ist durch $4\pi f \varrho_0 = \lambda c^2$ und sein Radius durch $\Re = \lambda^{-1/2}$ gegeben. Damit erfüllt dieses EINSTEINsche Universum das zur MACH-EINSTEIN-Doktrin konkretisierte „MACHsche Prinzip" (E. MACH 1883):

Die metrische Struktur der Welt ist hier durch die kosmischen Massen vollständig bestimmt; Gravitation und Trägheit sind homogene Funktionen der Weltmaterie.

An die Stelle der Grenzbedingungen für die Feldgleichungen treten im geschlossenen RIEMANNschen Raum Eindeutigkeitsforderungen, die EINSTEIN 1918 bei seinen Betrachtungen über den „Energiesatz in der ART" aufstellte. Diese Ersetzung der Grenzbedingungen durch Eindeutigkeitsforderungen betrifft natürlich auch alle in den EINSTEIN-Kosmos eingebetteten nichtgravischen Felder. Daher sind dann auch im relativistischen Teilchenproblem die „Grenzbedingungen im Unendlichen" durch Bedingungen zu ersetzen, die den eindeutigen und sprungfreien Zusammenhang der Felder im geschlossenen Raum ausdrücken. Eine derartige eindeutige und kontinuierliche „Überdeckung" des geschlossenen Raumes ist aber i. a. nur für diskrete Lösungsspektren der jeweiligen Feldgleichungen möglich. Die Eindeutigkeits- und Stetigkeitspostulate erweisen sich somit als Auswahlbedingungen, welche eine kosmologische Komponente in das Teilchenproblem einführen.

Allgemein ist der relativistische Kosmos nach EINSTEIN ein spezielles Gravitationsfeld, das durch bestimmte algebraische, funktionale und topologische Symmetrie-Forderungen aus der Mannigfaltigkeit der möglichen (globalen) Gravitationsfelder ausgewählt wird. Eine solche Raum-Zeit ist dann ihrerseits der Rahmen für alle im Universum existierenden Teilchen und Felder; der relativistische Kosmos prägt seine speziellen Symmetrie-Eigenschaften grundsätzlich den Lösungsmannigfaltigkeiten aller physikalischen Gleichungssysteme auf[4].

Darüber hinaus interpretierte EINSTEIN in seiner Arbeit über die Rolle der Gravitation beim „Aufbau der Elementarteilchen" 1919 auch die kosmologische Konstante $\lambda$ als universellen „POINCARÉschen Druck", der — entsprechend der Hypothese von H. POINCARÉ — die Stabilität der LORENTZschen Elektronen gegenüber ihren eigenen COULOMBschen Abstoßungskräften gewährleisten soll. EINSTEINS Ideen hierzu entstanden z. T. im Rahmen einer Polemik mit E. SCHRÖDINGER (1918) über die Gravitationsenergie in der ART und über die Struktur des Materie-Tensors.

In seinen späteren Arbeiten „Zum kosmologischen Problem in der ART" nahm EINSTEIN dann seit 1931 auf Grund von E. P. HUBBLES Nachweis der „Nebel-Flucht" die von A. A. FRIEDMANN 1922/23 angegebenen zeitabhängigen Lösungen der Gravitationsgleichungen mit homogener und isotroper Materie als mathematische Modelle für einen Evolutionskosmos an.[5] — Einstein erschien damit die Einführung des $\lambda$-Terms in seinen Feldgleichungen als unbegründet und überflüssig, so daß er diesen Term in seinen weiteren kosmologischen Untersuchungen wieder fortließ. Zu diesem Urteil über den „kosmologischen Term" in seinen Gravitationsgleichungen bewogen Einstein wohl aber auch seine weiteren Forschungen zu einer einheitlichen geometrischen Feldtheorie. Nach Einstein's Programm sollten sich nunmehr die Felder und Teilchen gemeinsam als singularitätsfreie Lösungen der Vakuum-Gleichungen ergeben und damit „reine Geometrie" sein. Damit war aber die Fragestellung der Mach-Einstein-Doktrin nach der vollständigen Bestimmung der metrischen Struktur des Raumes durch dessen materiellen Inhalt anscheinend gegenstandslos geworden.[6]

## 2. Einstein's *Entdeckung der Anti-Materie*

Im Rahmen seiner Bemühungen, in der relativistischen Feldtheorie zu Teilchenmodellen mit diskreten Massen- und Ladungsspektren zu gelangen, arbeitete Einstein in kritischer Auseinandersetzung mit den Ansätzen von Weyl und Eddington ein allgemeines Schema der möglichen geometrischen Verallgemeinerungen seiner ART aus:

In der vierdimensionalen Raum-Zeit-Welt könnte der symmetrische Fundamentaltensor $g_{\mu\nu} = g_{\nu\mu}$ der Riemannschen Metrik der ART durch einen allgemeinen Tensor 2. Stufe ersetzt werden. Dann treten zu den 10 unabhängigen Komponenten der Riemannschen Metrik noch 6 antisymmetrische Tensor-Komponenten $f_{\mu\nu}$ hinzu. Es ist allgemein

$$g_{\mu\nu} = g_{\underline{\mu\nu}} + g_{\underset{\vee}{\mu\nu}} = g_{\underline{\mu\nu}} + f_{\mu\nu} \qquad (\mu,\nu = 0, 1, 2, 3,)$$

$$\text{mit } g_{\underline{\mu\nu}} = g_{\underset{\vee}{\nu\mu}} = \frac{1}{2}(g_{\mu\nu} + g_{\underline{\nu\mu}}),$$

$$f_{\mu\nu} = g_{\underset{\vee}{\mu\nu}} = -g_{\underset{\vee}{\nu\mu}} = \frac{1}{2}(g_{\mu\nu} - g_{\nu\mu}) = -f_{\nu\mu}$$

Analog können an die Stelle der den affinen Zusammenhang des Riemannschen Raumes definierenden Christoffelschen Übertragungs-Koeffizienten

$$\Gamma^{\alpha}_{\mu\nu} = \frac{1}{2}\, g^{\alpha\lambda}(-\partial_\lambda g_{\mu\nu} + \partial_\mu g_{\nu\lambda} + \partial_\nu g_{\mu\lambda}) = \Gamma^{\alpha}_{\nu\mu}$$

allgemeinere Größen $\Gamma^{\alpha}_{\mu\nu} \neq \Gamma^{\alpha}_{\nu\mu}$ treten, aus denen ein Tensor mit 24 unabhängigen Komponenten, die Torsion der Raum-Zeit, bildbar ist:

$$\mathrm{T}^{\alpha}_{\mu\nu} = -\mathrm{T}^{\alpha}_{\nu\mu} = \Gamma^{\alpha}_{\underset{\smile}{\mu\nu}} = \frac{1}{2}(\Gamma^{\alpha}_{\mu\nu} - \Gamma^{\alpha}_{\nu\mu})$$

Wird dann noch entsprechend den Ansätzen von WEYL und EDDINGTON auch RIEMANN's Postulat der „Metrizität des affinen Zusammenhanges" aufgegeben, so entsteht eine Differential-Geometrie, die sehr viel mehr kovariante Strukturen enthält als die RIEMANNsche Geometrie der ART. Diese „nicht-RIEMANNsche" Geometrie EINSTEINS wird durch die 16 Komponenten des Fundamental-Tensors $g_{\mu\nu} \neq g_{\nu\mu}$ und die 64 Komponenten der „affinen Übertragung" $\Gamma^{\alpha}_{\mu\nu}$ definiert. In einer relativistischen Feldtheorie sollten nach EINSTEIN aber die $\Gamma^{\alpha}_{\mu\nu}$ grundsätzlich auf die $g_{\mu\nu}$ und deren erste Ableitungen $\partial_{\lambda} g_{\mu\nu}$ reduzierbar sein. Denn die $\Gamma^{\alpha}_{\mu\nu}$ sind hier die „Feldstärke" zum „Potential" $g_{\mu\nu}$. Diese Forderung führte EINSTEIN (1925) zur Formulierung seiner „Plus-Minus-Relation" zwischen den g und den $\Gamma$:

$$\partial_{\lambda} g_{\mu\nu} = g_{\alpha\nu}\Gamma^{\alpha}_{\mu\lambda} + g_{\mu\alpha}\Gamma^{\alpha}_{\lambda\nu}$$

die in der Relativitätstheorie des unsymmetrischen Feldes an die Stelle der Metrizitätsbedingung von RICCI

$$\partial_{\lambda} g_{\mu\nu} = g_{\alpha\nu}\Gamma^{\alpha}_{\mu\lambda} + g_{\mu\alpha}\Gamma^{\alpha}_{\nu\lambda}$$

tritt.[7]

Das vollständige Schema einer einheitlichen Feldtheorie legte EINSTEIN am 9. 7. 1925 in seiner Arbeit „Einheitliche Feldtheorie von Gravitation und Elektrizität" der Akademie vor. (Es ist das Schema, das EINSTEIN seit 1945 zur mathematischen Grundlage seiner „Relativitätstheorie des unsymmetrischen Feldes" machte.)

In Fortsetzung von Fragestellungen, die EINSTEIN bereits früher (1923) in zwei Akademie-Mitteilungen formuliert hatte, enthält EINSTEIN's neuer Bericht aber eine abschließende Bemerkung, auf die er sehr bald wieder zurückkam. Von ihr meinte EINSTEIN, daß sie „eine von der hier vertretenen Theorie unabhängige Gültigkeit beansprucht".

EINSTEIN begründete mit dieser Bemerkung die von ihm verwandte nichtkonventionelle Art der Zuordnung der elektromagnetischen Feldstärke $F_{\mu\nu}$ zu einem geometrischen Objekt. Hierbei stützte sich EINSTEIN auf physikalisch aufregende Symmetrie-Betrachtungen, deren Insuffizienz er aber kurze Zeit später nachwies. Diese neue Erkenntnis führte zu EINSTEIN's Aufsatz „Elektron und allgemeine Relativitätstheorie".

Dieser Aufsatz scheint mir nun einer der großen Beiträge EINSTEIN's zur Feldtheorie und Elementarteilchenphysik zu sein. (Aus bald einsichtig werdenden Gründen wurde er aber von Einstein und seinen Zeitgenossen nicht als ein solcher erkannt.)

Einstein beginnt seinen Aufsatz über das Elektron mit einer Bemerkung, die bei ihm oft mathematisch elementare und dafür physikalisch um so tiefer gehende Gedankengänge einleitete:

„Die nachfolgende Bemerkung ist so einfacher Art, daß ich nicht glaube, etwas Neues damit zu sagen. Da mir der zu beweisende Satz aber selbst neu war, so glaube ich jedenfalls, daß seine Darlegung an dieser Stelle manchem willkommen sein wird."

Der Satz, den Einstein beweist, ist elementar formulierbar: Wird das Gravitationspotential durch den metrischen Fundamental-Tensor $g_{\mu\nu} = g_{\nu\mu}$ dargestellt und wird die elektromagnetische Feldstärke durch irgendeinen antisymmetrischen Tensor

$$f_{\mu\nu} = -f_{\nu\mu}$$

gegeben, so folgt aus den Invarianz-Eigenschaften einer relativistischen Feldtheorie, daß zu jedem möglichen Feld, das einem Teilchen mit der Ladung $+\varepsilon$ entspricht, auch ein Feld existiert, das ein Teilchen mit der Ladung $-\varepsilon$ beschreibt, das aber dieselbe schwere und träge Masse (Ruhmasse) m wie das erstere Teilchen besitzt. — Dieser Satz ist unabhängig davon, ob angenommen wird, daß zur Beschreibung des Teilchens die explicite angegebenen Feldgrößen des Einsteinschen und des Maxwellschen Feldes ausreichen, oder ob darüber hinaus noch weitere relativistische Felder eingeführt werden müssen. In jedem Falle gilt auf Grund der relativistischen Invarianz-Prinzipien, daß mit einer Feldtheorie dann, und nur dann, Teilchen mit der Ladung $+\varepsilon$ und der Masse m kompatibel sind, wenn dies gleichzeitig auch für Teilchen mit der Ladung $-\varepsilon$ und derselben Masse m der Fall ist. — Das heißt in heutiger Sprache: Gestattet eine Feldtheorie Teilchen $\pi$, so enthält sie notwendig auch die dazugehörigen „Anti-Teilchen" $\pi^*$, die sich in nichts anderem als im Ladungs-Vorzeichen von den „Teilchen" unterscheiden.

Einsteins elementarer Beweis dieses fundamentalen Satzes enthält auch noch weitere physikalische Einsichten über die Beziehungen zwischen Teilchen und Raum-Symmetrie. Der Beweis beruht auf einer Überlegung über die algebraische Struktur der Feld-Variablen:

Die ART und die Elektrodynamik zusammen besitzen als Invarianz-Gruppen die Einstein-Gruppe der allgemeinen (regulären) Koordinaten-Transformationen

$$\overline{x}^{\nu} = \overline{x}^{\nu}(x^{\mu}) \qquad \mu, \nu = 0, 1, 2, 3$$

und die Eichgruppe für das Vektor-Potential $\varphi_\nu$ des elektromagnetischen Feldes

$$\varphi'_\nu = \varphi_\nu + \delta_\nu S, \qquad S = S(x^\nu).$$

Die fundamentalen Größen, die das Gravitationsfeld und das elektromagnetische Feld bestimmen, müssen kovariant gegenüber der EINSTEIN-Gruppe und invariant gegenüber der Eich-Gruppe sein.

Beim Gravitationsfeld erfüllt diese Forderung das Gravitationspotential $g_{\mu\nu}$; dieses ist ein (eichinvarianter) symmetrischer Tensor:

$$\bar{g}_{\mu\nu} = \frac{\partial x^\alpha}{\partial \bar{x}^\mu} \frac{\partial x^\beta}{\partial \bar{x}_\nu} g_{\alpha\beta}; \qquad \bar{g}_{\mu\nu} = \bar{g}_{\nu\mu}, \qquad g_{\alpha\beta} = g_{\beta\alpha},$$

der metrische Fundamental-Tensor der Raum-Zeit. Hingegen ist die Feldstärke des Gravitationsfeldes keine tensorielle Größe, sondern nur ein sogenannter Affin-Tensor und als solcher nicht allgemein-kovariant. Die Feldstärke ist nach der ART nämlich gegeben durch die CHRISTOFFEL-Symbole

$$\Gamma^\alpha_{\mu\nu} = \frac{1}{2} g^{\alpha\lambda} \left(-\partial_\lambda g_{\mu\nu} + \partial_\mu g_{\nu\lambda} + \partial_\nu g_{\lambda\mu}\right)$$

mit dem Transformations-Gesetz

$$\bar{\Gamma}^\alpha_{\mu\nu} = \frac{\partial \bar{x}^\alpha}{\partial x^\beta} \frac{\partial x^\lambda}{\partial \bar{x}^\mu} \frac{\partial x^\omega}{\partial \bar{x}^\nu} \Gamma^\beta_{\lambda\omega} + \frac{\partial \bar{x}^\alpha}{\varrho x^\beta} \frac{\partial^2 x^\beta}{\partial \bar{x}^\mu \partial \bar{x}^\nu}.$$

Betrachten wir nun ein ruhendes stabiles zentral-symmetrisches Teilchen, so gehört zu ihm aus elementaren Symmetriegründen ein Gravitationspotential, das zeitunabhängig:

$$\partial_0 g_{\mu\nu} = \frac{\partial}{c\partial t} g_{\mu\nu} = 0$$

und statisch ist:

$$g_{0i} = g_{i0} = 0 \qquad (i = 1, 2, 3)$$

und dessen räumliche Komponenten $g_{ik}$ rein diagonal sind:

$$g_{ik} = 0 \quad \text{für} \quad i \neq k \qquad (i, k = 1, 2, 3).$$

Insgesamt ist der raum-zeitliche Tensor $g_{\mu\nu}$ also selbst rein diagonal und es gilt:

$$g_{\mu\nu} = 0 \quad \text{für} \quad \mu \neq \nu, \qquad \frac{\partial}{\partial t} g_{\mu\nu} = 0.$$

Das elektromagnetische Feld wird hingegen bestimmt durch den antisymmetrischen Tensor der Feldstärke:

$$\mathbf{F}_{\mu\nu} = -\mathbf{F}_{\nu\mu};$$

denn das Vektor-Potential $\varphi_\lambda$ ist nicht eich-invariant:

$$\varphi'_\lambda = \varphi_\lambda + \partial_\lambda S.$$

Für den Feldstärke-Tensor gilt hingegen

$$F_{\nu\mu} = \partial_\mu \varphi_\nu - \partial_\nu \varphi_\mu = \partial_\mu \varphi'_\nu - \partial_\nu \varphi'_\mu .$$

Wegen seiner Antisymmetrie besitzt der Feldstärke-Tensor nur nicht-diagonale Komponenten:

$$F_{\mu\nu} = 0 \quad \text{für} \quad \mu = \nu.$$

Im Falle eines ruhenden Teilchens ist das Feld zeitunabhängig: $\frac{\partial}{\partial t} F_{\mu\nu} = 0$, und das elektromagnetische Feld reduziert sich auf das elektrostatische Feld $\mathfrak{E}_i$, während das magnetische Feld $\mathfrak{B}_i$ verschwindet.

Je nachdem, ob wir den antisymmetrischen Tensor $f_{\mu\nu} = -f_{\nu\mu}$ als Feldstärke-Tensor $F_{\mu\nu}$ oder als den zur Feldstärke dualen Tensor einführen, besteht zwischen der elektromagnetischen Feldstärke $F_{\mu\nu}$ und dem Tensor $f_{\mu\nu}$ einfach die Beziehung

$$f_{\mu\nu} = F_{\mu\nu}$$

oder die Beziehung

$$f_{\mu\nu} = \tilde{F}_{\mu\nu} = \frac{1}{2} \varepsilon_{\mu\nu\sigma\tau} \sqrt{-g}\, F^{\sigma\tau}.$$

Im ersteren Fall ist das elektrostatische Feld durch

$$\mathfrak{E}_i = f_{0i} = -f_{i0} = F_{0i}, \qquad f_{ik} = F_{ik} = 0 \qquad (i, k = 1, 2, 3)$$

gegeben, im zweiten Fall durch

$$\mathfrak{E}_i = f_{kl} = \tilde{F}_{kl} = -\tilde{F}_{lk}, \qquad f_{i0} = \tilde{F}_{i0} = 0.$$

Wir nehmen nun mit EINSTEIN an, daß es irgendeine Lösung des Systems der relativistischen Feldgleichungen gibt, bei dem die $g_{\mu\nu}$ und die $f_{\mu\nu}$ die oben genannten Eigenschaften eines statischen Feldes besitzen. Insbesondere sollen also die algebraischen Beziehungen

$$g_{\mu\nu} = g_{\nu\mu}, \quad g_{ik} = 0 \quad \text{für} \quad i \neq k, \quad g_{i0} = 0 \quad \text{für} \quad i = 1, 2, 3;$$
$$f_{\mu\nu} = -f_{\nu\mu}, \quad f_{ik} = 0 \quad \text{für} \quad i, k = 1, 2, 3, \tag{I}$$

bzw.

$$g_{\mu\nu} = g_{\nu\mu}, \quad g_{ik} = 0 \quad \text{für} \quad i \neq k, \quad g_{i0} = 0 \quad \text{für} \quad i = 1, 2, 3;$$
$$f_{\mu\nu} = -f_{\nu\mu}, \ f_{i0} = 0 \ \text{für} \ i = 1, 2, 3, \ f_{ik} = -f_{ki} \ \text{für} \ i, k = 1, 2, 3 \tag{II}$$

gelten.

Die relativistischen Gleichungen sind allgemein-kovariant. Sie sind also insbesondere kovariant gegenüber den linearen Transformationen

$$x^{*1} = x^* = -x^1 = -x$$
$$x^{*2} = y^* = x^2 = y, \quad x^{*3} = z^* = x^3 = z,$$
$$x^{*0} = ct^* = x^0 = ct \tag{III}$$

und

$$x^* = x, \quad y^* = y, \quad z^* = z,$$
$$x^{*0} = ct^* = -x^0 = -ct. \tag{IV}$$

Die Transformation (IV) beschreibt eine Umkehrung der Zeitrichtung; es vertauschen sich die Zahlenwerte von Vergangenheit und Zukunft. Diese Transformation bedeutet also eine Umkehr des zeitlichen Ablaufes aller Ereignisse. (Einstein bemerkte, daß eine solche Umkehr auch in der klassischen Physik eine physikalisch mögliche Situation in eine andere mögliche Situation überführt.) — Transformationen vom Typ (III) beschreiben hingegen eine Spiegelung des Koordinatensystems längs einer Symmetrie-Ebene

$$x^1 = x = 0$$
$$\leftrightarrow x^{*1} = x^* = 0.$$

Sie führen den Raum mit Inhalt in sein Spiegelbild über. In heutiger Sprache sind (IV) die T-Transformationen und die Transformationen (III) die P-Transformationen, (IV) und (III) sind also Zeit-Reversion und Paritäts-Vertauschung.

Wenden wir nun die Transformationen (IV) auf die Objekte (I) an, so entsteht:

$$g^*_{11} = g_{11}, \; g^*_{22} = g_{22}, \; g^*_{33} = g_{33}, \; g^*_{ik} = g_{ik} = 0 \text{ für } i \neq k,$$
$$g^*_{i0} = \frac{\partial t}{\partial t^*} g_{i0} = 0\,, \quad g^*_{00} = \frac{\partial t}{\partial t^*}\frac{\partial t}{\partial t^*} g_{00} = g_{00};$$
$$f^*_{ik} = f_{ik} = 0, \; f^*_{0i} = \frac{\partial t}{\partial t^*} f_{0i} = -f_{0i} = f_{i0}$$
$$\to \mathfrak{E}^*_i = -\mathfrak{E}_i, \; \mathfrak{B}^*_i = \mathfrak{B}_i = 0. \tag{Ia}$$

(I a) beschreibt dasselbe Gravitationsfeld wie (I), aber ein vorzeichen-vertauschtes elektrostatisches Feld. Nun ist das zentral-symmetrische Gravitationsfeld ein Funktional der Masse m; das Objekt (I a) hat also dieselbe Masse wie (I). Das elektrostatische Feld ist hingegen ein Funktional der Ladung $\varepsilon$. Die Ladungsdichte zu (I) ist entsprechend den Maxwellschen Gleichungen gegeben durch

$$- 4\pi \sqrt{-g}\, \varrho = \partial_i(\sqrt{-g}\, f^{0i}) \rightarrow$$

$$- 4\pi\varrho = \partial_i f^{0i} = -(\partial_1 f_{01} + \partial_2 f_{02} + \partial_3 f_{03}). \qquad \text{(V)}$$

Demnach gehört zu (I a) die vorzeichen-vertauschte Ladungsdichte

$$- 4\pi \sqrt{-g}\, \varrho^* = \partial_i(\sqrt{-g}\, f^{*0i}) = -\partial_i(\sqrt{-g}\, f^{0i}) \rightarrow$$

$$- 4\pi\varrho^* = -(\partial_1 f^*_{01} + \partial_2 f^*_{02} + \partial_3 f^*_{03})$$

$$= \partial_1 f_{01} + \partial_2 f_{02} + \partial_3 f_{03} = 4\pi\varrho. \qquad \text{(Va)}$$

Im Falle (I) ergibt also die T-Transformation eine Vertauschung des Vorzeichens der Ladung, d. h. das, was wir heute als Ladungs-Konjugation (C-Transformation) bezeichnen:

$$\varepsilon^* = C\varepsilon = -\varepsilon.$$

Gehen wir hingegen von dem Objekt (II) aus und unterwerfen wir dieses der Paritäts-Transformation (III), so erhalten wir

$$g^*_{11} = \frac{\partial x}{\partial x^*}\frac{\partial x}{\partial x^*} g_{11} = g_{11}, \qquad g^*_{22} = g_{22}, \qquad g^*_{33} = g_{33}$$

$$g^*_{ik} = g_{ik} = 0 \quad \text{für} \quad i \neq k. \qquad g^*_{i0} = g_{i0} = 0, \qquad g^*_{00} = g_{00};$$

$$f^*_{1k} = \frac{\partial x}{\partial x^*} f_{1k} = -f_{1k} = f_{k1}, \qquad f^*_{23} = f_{23}, \qquad \text{(IIa)}$$

$$f^*_{i0} = f_{i0} = 0 \rightarrow \mathfrak{E}^*_i = -\mathfrak{E}_i, \qquad \mathfrak{B}^*_i = \mathfrak{B}_i = 0.$$

(II a) beschreibt dasselbe Gravitationsfeld $g_{\mu\nu}$ und damit dieselbe Masse m wie (II); das Objekt (II a) gehört aber zu einer gegenüber (II) vorzeichen-vertauschten Ladungsdichte $\varrho^* = -\varrho$. Denn die Ladungsdichte $\varrho$ zu (II) ist durch

$$4\pi\varrho = \partial_1 f_{23} + \partial_2 f_{31} + \partial_3 f_{12} \qquad \text{(VI)}$$

gegeben, und zum elektrostatischen Feld aus (II a) gehört dementsprechend die Ladungsdichte

$$4\pi\varrho^* = \partial^*_1 f^*_{23} + \partial^*_2 f_{31} + \partial^*_3 f^*_{12} = \frac{\partial}{\partial x^*} f_{23} + \frac{\partial}{\partial y} f^*_{31} + \frac{\partial}{\partial z} f^*_{12}$$

$$= -\frac{\partial}{\partial x} f_{23} - \frac{\partial}{\partial y} f_{31} - \frac{\partial}{\partial z} f_{12} = -(\partial_1 f_{23} + \partial_2 f_{31} + \partial_3 f_{12})$$

$$= -4\pi\varrho\,. \qquad \text{(VIa)}$$

Nun sind aber die Feldgleichungen einer allgemein-relativistischen Theorie kovariant gegenüber den Transformationen (III) und (IV). Daher ist mit jedem Objekt (I) bzw. (II) auch ein Objekt (I a) bzw. (II a) ein feldtheoretisch möglicher Zustand: Zu jedem allgemein-relativistischen Teilchen der Masse m mit der Ladung $+\varepsilon$ gibt es notwendig auch ein Teilchen mit der Ladung $-\varepsilon$.

Für die Teilchenmodelle der Form (I) hatte dies im Anschluß an EINSTEIN (1919) auch W. PAULI (1921) im letzten Abschnitt „Allgemeine Bemerkungen zum gegenwärtigen Stand des Materieproblems" seines Buches über die „Relativitätstheorie" dargelegt. PAULI ging davon aus, daß ein statisches Gravitationsfeld durch

$$g_{ik} = g_{ik}(x^l), \qquad g_{00} = g_{00}(x^l) \quad \text{und} \quad g_{i0} = 0, \quad (i = 1, 2, 3)$$

gegeben ist und das elektrostatische Potential $\varphi_0 = \varphi_0(x^l)$, $\varphi_i = 0$ beträgt, so daß $\varphi_0^* = -\varphi_0 \leftrightarrow \varphi_\lambda^* = -\varphi_\lambda$ ist. PAULI's Argumentation war allerdings unvollständig, da er die Frage nach der Masse m der Partikeln nicht explicite erörterte. Auch ist PAULI's Darstellung nicht eich-invariant, so daß die C-Symmetrie hier als an die LORENTZ-Eichung $\partial_\lambda \varphi^\lambda = 0$ des Vektor-Potentials $\varphi_\lambda$ gebunden erscheint. — Vor allem erfaßte PAULI's Diskussion aber nicht die Objekte (II) und damit die P-Transformationen.

Auch EINSTEIN hatte zunächst nur die T-Transformation betrachtet. Im Gegensatz zu seinem noch im Akademie-Bericht über „Einheitliche Feldtheorie" eingenommenen Standpunkt führte EINSTEIN dann aber aus, daß die Wahl der Zuordnungen $f_{0i} \leftrightarrow F_{0i}$ oder $f_{ik} \leftrightarrow \varepsilon_{ik0l} F^{0l}$ der elektrischen Feldstärke $F_{0i} = \mathfrak{E}_i$ zu den Raum-Zeit- oder den Raum-Raum-Komponenten von $f_{\mu\nu}$ rein konventionell ist. Daher ist der Schluß auf die notwendige Existenz von Teilchen derselben Masse m, aber gespiegelten Ladungen $+\varepsilon$ und $-\varepsilon$ sowohl aus der T-Transformation wie aus der P-Transformation herleitbar. Die C-Symmetrie der Feldphysik ergibt sich in der relativistischen Feldtheorie sowohl aus der P-Invarianz als auch aus der T-Invarianz der Feldgleichungen.

Der springende Punkt in EINSTEIN's Argumentation ist die durch die ART gegebene Identifikation des metrischen Tensors $g_{\mu\nu}$ mit dem Gravitationspotential. Denn hierdurch folgt aus der Invarianz des metrischen Tensors $g_{\mu\nu}$ (mit $g_{\mu\nu} = 0$ für $\mu \neq \nu$) bezüglich der P- und der T-Transformation auch die Invarianz der Masse m bezüglich der C-Transformation und somit die Existenz von Teilchen $+\varepsilon$ und Anti-Teilchen $-\varepsilon$ mit derselben Masse m, nämlich demselben Gravitationspotential $g_{\mu\nu}$.

EINSTEIN faßte seine Argumente so zusammen: Das Gravitationspotential eines isolierten Teilchens der Masse m ist (in isotropen Koordinaten) asymptotisch durch die Entwicklung

$$g_{ik} = -\delta_{ik}\left[1 + \frac{2fm}{c^2r} + 0\left(\frac{1}{r^2}\right)\right]$$

$$g_{00} = 1 - \frac{2fm}{c^2r} + 0\left(\frac{1}{r^2}\right), \quad g_{i0} = 0\left(\frac{1}{r^2}\right) \qquad \text{(VII)}$$

gegeben. Die Masse m erscheint so als Gewichtsfaktor der Terme $\sim 1/r$ im metrischen Tensor $g_{\mu\nu}$.

(Dies hatte EINSTEIN 1915/16 anhand der asymptotischen Form der zentral-symmetrischen Vakuum-Metrik in der ART, der SCHWARZSCHILD-Metrik, gesehen und hierbei bemerkt, daß das Feld jeder isolierten Masse asymptotisch in das zentral-symmetrische Feld übergeht.)

Entsprechend der MAXWELL-LORENTZschen Elektrodynamik und auf Grund der Regeln der ART für kovariantes Rechnen läßt sich nun die Ladungsdichte $\varrho$ des elektromagnetischen Feldes durch die Vierstromdichte $\varrho^\nu$ und den metrischen Tensor $g_{\mu\nu}$ darstellen:

$$\varrho = \sqrt{g_{\mu\nu}\varrho^\mu\varrho^\nu}. \quad (\mu, \nu = 0, 1, 2, 3) \qquad \text{(VIII)}$$

(Mit den Größen (I) bedeutet $\varrho^\nu$ hierbei

$$-\sqrt{-g}\,\varrho^\nu = \partial_\alpha(\sqrt{-g}\,f^{\nu\alpha})$$

und mit den Größen (II)

$$-\sqrt{-g}\,\varrho^\nu = \frac{1}{2}\varepsilon^{\nu\alpha\beta\gamma}\,\partial_\alpha f_{\beta\gamma}.)$$

Das Auftreten der Wurzel in der Definition von $\varrho$ besagt aber, daß mit einer Masse m zwei Ladungs-Vorzeichen $\pm\,\varrho \leftrightarrow \pm\,\varepsilon$ verträglich sind.

EINSTEINS allgemein-relativistischer Beweis dafür, daß die Existenz von Anti-Materie (von Anti-Teilchen) eine notwendige Konsequenz der Relativität von Raum, Zeit und Bewegung ist, stammt aus dem Jahre 1925. EINSTEINS Beweis nimmt keinen expliziten Bezug auf die Quantenhypothese. Wegen dieser Unabhängigkeit von der Quantentheorie hat der EINSTEINsche Beweis m. E. auch heute noch eine grundlegende methodische Bedeutung.

Alle derzeitigen theoretischen Deduktionen der Existenz von Anti-Materie beruhen ja auf der Arbeit von DIRAC 1930, die von der Verschmelzung der SRT mit der Quantenmechanik ausgeht. DIRAC's Deduktion stützt sich auf seine speziell-relativistische Wellengleichung für die Materiefelder (mit Spin 1/2) von

1928 und die MAXWELLsche Elektrodynamik. Sie benutzt neben EINSTEIN's speziell-relativistischer Kinematik auch quantentheoretische Axiome.

DIRAC ging bei seiner Deduktion der Anti-Materie davon aus, daß der relativistische HAMILTON-Operator (Energie-Operator) $H = cp_0$ auf Grund der SRT notwendigerweise zwei Vorzeichen hat:

$$H = cp_0\, c\sqrt{m^2c^2 + p_i p_k \delta^{ik}}. \tag{IX}$$

Die Zustände mit negativer Energie $cp_0 < 0$, die sich für ein Teilchen-Feld mit der Ladung $+\varepsilon$ ergeben, sind nun nach DIRAC konjugiert zu Zuständen positiver Energie für ein ladungsgespiegeltes Materiefeld $\psi^* = C\psi$ mit der Teilchenladung $\varepsilon^* = -\varepsilon$.

Das Gemeinsame von ART und Quantenmechanik (QM) ist hier offensichtlich, daß beide Theorien eine Partikel-Dynamik bestimmen. Daher ist sowohl in der ART als auch in der Quantenmechanik die Erkenntnis formulierbar, daß die dynamischen Eigenschaften, die durch die Massen repräsentiert werden, bei den Teilchen $\pi$ und den Anti-Teilchen $\pi^* = C\pi$ identisch sind und zu jedem Teilchen $\pi$ $(+\varepsilon)$ ein Anti-Teilchen $\pi^*$ $(-\varepsilon)$ als dynamisches Äquivalent gehört. — Die Wellenmechanik der spinoriellen Materie (der Teilchen vom Spin $1/2$) beweist, daß aus einem Teilchen $\pi$ mit der Ladung $+\varepsilon$ und der Masse $m > 0$ entweder ein Teilchen derselben Ladung $+\varepsilon$, aber mit negativer Masse $-m$ entstehen kann, oder daß es zu den Teilchen $\pi$ notwendig Anti-Teilchen $\pi^*$ mit der Ladung $-\varepsilon$ und derselben Masse $+m$ gibt.

### 3. *Die wissenschaftshistorische Paradoxie bei* EINSTEIN's *Entdeckung der Anti-Materie*

DIRAC's Arbeit war bahnbrechend für die Entdeckung und Erforschung der Anti-Materie. Auf EINSTEIN's frühere Arbeit nahm niemand Bezug. Diese Bevorzugung von DIRAC's Quantenmechanik gegenüber EINSTEIN's allgemeiner Relativitätstheorie beruhte aber nicht nur auf der Vorliebe der meisten damaligen jüngeren Physiker für erstere und ihre Abneigung gegen letztere. Sie beruhte auch nicht nur darauf, daß DIRAC's Arbeit den Schlüssel zur Quantenelektrodynamik lieferte. Auch EINSTEIN selbst hat seine ältere Arbeit nicht mehr erwähnt und in seinen späteren erneuten Ansätzen zur einheitlichen Feldtheorie keinerlei Bezug mehr auf sie genommen.

Als EINSTEIN 1925 sein Symmetrie-Theorem aus der allgemein-relativistischen Feldtheorie herleitete, empfand er diese Entdeckung als unerwünscht und rein destruktiv. Er sah in ihr das ernsteste Hindernis für seine Bemühungen um eine einheitliche Feldtheorie. Es führte ihn zu der Ansicht, daß „das Bestreben, die Elektrodynamik mit dem Gravitationsgesetz zu einer Einheit zu verschmelzen“, nach der Erkenntnis seines Theorems „nicht mehr gerechtfertigt“ sei.

In seinen früheren Arbeiten zur einheitlichen Feldtheorie seit 1923 war Einstein tatsächlich immer wieder bemüht gewesen, Formulierungs-Varianten zu finden, die den von ihm damals bereits geahnten großen Satz der relativistischen Feldtheorie verschleierten. Einstein bemerkte dann aber immer erneut, daß die von ihm konkret eingeführten Feldgleichungen (welche natürlich Verallgemeinerungen der Einsteinschen Gravitations- und der Maxwellschen elektromagnetischen Feldgleichungen waren) entsprechend den Relativitätsprinzipien und den aus ihnen folgenden Kovarianz-Eigenschaften so strukturiert waren, daß sie jeweils ein spezielles Beispiel für seinen späteren feldtheoretischen Lehrsatz ergaben. Einstein sah hier zunächst die Rolle der T-Invarianz ein und formulierte daher einen Ansatz zur Feldtheorie, nach dem das elektrische Feld $\mathfrak{E}_i$ den räumlichen Komponenten $f_{ik} = -f_{ki}$ eines antisymmetrischen Tensors $f_{\mu\nu} = -f_{\nu\mu}$ zugeordnet wird; dies war der Gegenstand von Einstein's Schlußbemerkung in seiner Akademie-Mitteilung vom Juli 1925. Er zeigte, daß die T-Invarianz hier nicht zur Ladungs-Symmetrie führt.

Man merkt aber, daß Einstein bei diesem Kunstgriff etwas unheimlich zumute war. Denn Einstein wußte ja, daß diese Zuordnung des elektrischen Feldes eine bloße Konvention ist. Die entscheidende Einsicht, die Einstein kurze Zeit später gewann, war dann, daß bei der neuen Zuordnung einfach die P-Invarianz die Rolle der T-Invarianz übernimmt. Damit war das Prinzip der Ladungs-Symmetrie aber unabhängig von der konkreten Form einer Feldtheorie als einfache Folge des allgemeinen Relativitäts- und Kovarianzprinzips der ART aufgezeigt.

Die Ursache dafür, daß Einstein jahrelang versucht hatte, Feldtheorien aufzustellen, die gegen sein späteres Symmetrie-Theorem verstoßen sollten, und daß er schließlich die Entdeckung seines Theorems als eine Katastrophe empfand, lag in der damaligen Kenntnis der subatomaren Teilchen, nach der es eine fundamentale Asymmetrie zwischen der positiven und der negativen „Elektrizität“ zu geben schien. Wohl alle Physiker hielten seinerzeit die Ansicht für abschließend, daß die Träger der negativen elektrischen Elementarladungen $-\varepsilon$ die Elektronen und die Träger der positiven Ladung $+\varepsilon$ die Protonen sind, wobei letztere eine fast 2000mal größere Masse als die Elektronen besitzen.[8] Die Protonen galten als die eigentlichen Träger der Ruhmasse, während es die von Abraham, Lorentz u. a. im Rahmen der SRT begründete Vorstellung war, daß die Masse des Elektrons reine elektrische „Feldmasse“ sei.

Es bestand jedenfalls scheinbar eine grundsätzliche Asymmetrie zwischen den positiv und den negativ geladenen atomaren Teilchen. Es waren keine leichten Träger positiver Ladung, keine Positronen, bekannt und erst recht keine schweren Träger negativer Ladung, keine Anti-Protonen.[9] Diese Asymmetrie von positiv und negativ geladener Materie erschien EINSTEIN als ein wesentliches Faktum der subatomaren Physik, das jede Feldtheorie der Elementarteilchen herzuleiten hätte. Eine physikalische Theorie hingegen, aus der die prinzipielle Spiegel-Symmetrie und damit die Massengleichheit von positiv und negativ geladenen Teilchen folgte, stand nach EINSTEIN's damaliger Kenntnis in direktem Widerspruch zur Atomphysik.

In den Jahren 1928 bis 1930, in denen DIRAC die Wellenmechanik der Elektronen in ihre speziell-relativistische Form brachte und dann aus seinen speziell-relativistischen Wellengleichungen des Materiefeldes auf die Existenz von Anti-Teilchen als notwendiges Ergebnis der Verschmelzung von Quantenphysik und SRT schloß, waren die tatsächlichen Kenntnisse über die subatomaren Teilchen nicht größer als fünf Jahre früher.

Als DIRAC aber bewiesen hatte, daß es zu den negativen Elektronen positiv geladene Anti-Teilchen geben muß, erklärte er einfach die Protonen zu diesen Anti-Teilchen und führte dies auf den letzten Seiten der 1. Auflage seines Buches „Die Prinzipien der Quantenmechanik" (1930) explicite aus. DIRAC setzte sich hierbei souverän über die ungeheure Massen-Differenz von Protonen und Elektronen hinweg.

DIRAC's Überzeugung von der Richtigkeit der Grundlagen der SRT und der Quantenphysik war aber so stark, daß er nicht bereit war, den anscheinenden Widerspruch seines Ergebnisses zu der physikalischen Realität als Argument anzuerkennen. (Hierbei fiel DIRAC das Hinwegsehen über die Massen-Differenz von Protonen und Elektronen vielleicht deswegen leichter als EINSTEIN, weil in der SRT die Masse keine so große Bedeutung besitzt wie in der ART.)

Zwar zeigte nun bereits 1931 HERMANN WEYL, daß DIRAC's Identifikation der Protonen mit den Anti-Elektronen algebraisch unmöglich ist, weil die von DIRAC verwendeten Symmetrie-Gruppen verlangen, daß Teilchen und Anti-Teilchen exakt dieselbe Ruhmasse besitzen und jede Ruhmasse-Differenz eine Brechung der relativistischen Symmetrien bedeuten würde. Zum Glück entdeckte C. A. ANDERSON aber bereits 1932 das Positron, also das von DIRAC (und von EINSTEIN!) tatsächlich geforderte Teilchen mit positiver Ladung und Elektronenmasse. Damit war auch für das Proton ein „Anti-Proton" mit Protonenmasse vorauszusagen, dessen experimentelle Erzeugung aus rein energetischen Gründen aber erst 25 Jahre später gelang[10] (E. SEGRÉ, O. CHAMBERLAIN u. a. 1955).

## 4. Einstein *und die C-P-Invarianz*

Bei seinem Versuch, sich mit dem von ihm entdeckten Lehrsatz auseinanderzusetzen und die Schwierigkeiten, die dieser Lehrsatz für die relativistische Physik zu enthalten schien, zu überwinden, kam Einstein zu der Hypothese, daß die Raum-Zeit-Symmetrien der Relativitätstheorie in der Natur tatsächlich nicht voll realisiert sind. Zu den rein geometrisch definierbaren Objekten, die diese Symmetrien aufweisen, müßten dann in nicht voll kovarianter Weise einzuführende Größen treten, die gerade wegen dieses Defektes die relativistischen Symmetrien teilweise brechen.

Einstein postulierte speziell die Existenz eines von der Vergangenheit in die Zukunft gerichteten zeitartigen Vektorfeldes $l^\nu$, das die ganze Raum-Zeit überdeckt. Damit führte Einstein eine zeitliche Orientierung der dreidimensionalen Räume in der Raum-Zeit-Welt ein. — Mit einem derartigen universellen Vektorfeld $l^\nu$, für das die nicht-kovariante Bedingung $l^0 > 0$ vorgegeben ist, ist es natürlich möglich, das Ladungsvorzeichen eindeutig vorzuschreiben. Hierbei wird etwa (mit $\varrho^\nu\varrho_\nu > 0$, $l^\nu l_\nu > 0$,

$$\varrho^\nu l_\nu > 0 \quad \text{oder} \quad \varrho^\nu l_\nu < 0 \quad \text{mit} \quad l^0 > 0 \tag{A}$$

festgesetzt. Das eine Vorzeichen definiert dann etwa eine positive und das andere eine negative Ladungsdichte $\varrho$. Es besteht keine Spiegelungs-Symmetrie zwischen den positiv und den negativ geladenen Teilchen, weil durch die Orientierung $l^0 > 0$ die T-Transformationen verboten sind. Eine ähnliche Argumentation über eine Brechung der C-Invarianz als Folge einer Brechung der T-Invarianz im Kosmos zur Erklärung der scheinbaren Ungleichartigkeit von positiver und negativer Elektrizität findet sich schon in der 4. Auflage (1922) von Hermann Weyl's berühmtem Buch „Raum, Zeit und Materie". In die Darstellung seines eigenen Ansatzes zu einer einheitlichen geometrischen Feldtheorie von Gravitation und Elektromagnetismus, die der erste Versuch einer einheitlichen geometrischen Feldtheorie auf der Basis der ART überhaupt war, bezieht Weyl im § 36 auch Pauli's Argumentation über die Bedeutung der T-Symmetrie für die Symmetrie der elektrischen Ladungen ein. Weyl bemerkt dann, daß die, anscheinend vorhandene, Ungleichartigkeit der positiven und negativen Elektrizität „unmittelbar mit der einseitigen Richtung des Zeitflußes von der Vergangenheit in die Zukunft" zusammenhängen könnte.

Weyl führte diesen Gedanken aber nicht weiter aus, sondern kommt in der 5. Auflage seines Buches (1923) in dem der einheitlichen Feldtheorie gewidmeten § 40 („Das elektromagnetische Feld als Bestandteil des metrischen") zu der merkwürdigen Formulierung, daß die einheitliche geometrische Feldtheorie zwar keinen Aufschluß über „die Ungleichartigkeit von positiver und negativer

Elektrizität" gäbe, dies ihr aber nicht zum Vorwurf gemacht werden könnte; denn „jene Ungleichartigkeit beruht ohne Zweifel darauf, daß von den beiden Urbestandteilen der Materie, Elektronen und Wasserstoffkern, der positiv geladene mit einer anderen Masse verbunden ist als der negativ geladene; dies entspringt aus der Natur der Materie und nicht des Feldes".

Weyl schließt also wie Onkel Bräsig bei Fritz Reuter, daß „die Armut von der Povertät kommt" und bemerkt nicht, daß seine Argumentation die Möglichkeit einer einheitlichen Feldtheorie überhaupt ausschließen würde! Dies zeigt, wie verzweifelt auch Weyl das Problem erschien.[11]

Der in Einstein's Ungleichung (A) formulierte Gedanke erinnert an eine sehr viel später (nach Einstein's und Weyl's Tod begonnene) neue Entwicklung des C-P-Problems. — 1956/57 haben Lee und Yang gezeigt, daß die schwachen Wechselwirkungen, die den radioaktiven β-Zerfall bestimmen, die P-Symmetrie verletzten. Formal verhalten sich die schwachen Wechselwirkungen so, als ob der Raum eine Orientierung, eine „Händigkeit", besitzen würde. Wigner, Landau und Pauli zeigten 1957, daß bei den schwachen Wechselwirkungen immer noch eine kombinierte C-P-Symmetrie besteht, indem die Brechung der P-Invarianz mit einer solchen der C-Invarianz gekoppelt ist, derart, daß die Invarianz gegenüber dem Produkt CP bestehenbleibt.

Die Bedeutung dieser Brechung der P-Symmetrie ist, wie Landau (1957) bemerkte, aber nicht die einer Zerstörung der von Einstein und Dirac benutzten Symmetrien der Raum-Zeit-Welt. Vielmehr beruht die Symmetrie-Brechung einfach darauf, daß beim radioaktiven β-Zerfall usw. Neutrinos oder Anti-Neutrinos mit ins Spiel kommen. Die Neutrinos sind elektrisch neutrale Teilchen ohne Ruhmasse, die sich deswegen mit der Lichtgeschwindigkeit bewegen; sie besitzen einen Spin $^1/_2$, und dieser führt bei ihnen zu einer „Händigkeit": Der Spin (Eigen-Drehimpuls) eines Neutrinos ist mit seiner translatorischen Bewegung gekoppelt. Es gilt etwa

$$\pi^\nu S_\nu > 0 \quad \text{für Neutrinos } \nu, \text{ und } \pi^\nu S_\nu < 0 \quad \text{für Anti-Neutrinos } \bar{\nu}, \tag{B}$$

wo $\pi^\nu$ der lichtartige Energie-Impuls-Vektor ($\pi^\nu \pi_\nu = 0$) und $S_\nu$ der raumartige Drehimpuls-Vektor ($S^\nu S_\nu < 0$) des Neutrinos ist.

Die Bedingung (B) ist nicht geometrisch ableitbar, sondern ein bloßes kosmisches Faktum: Mathematisch könnten anstatt (B) auch die entgegengesetzten Ungleichungen gelten.

Landau's „Händigkeits"-Ungleichungen (B) erinnern an Einstein's Ungleichung (A). Es besteht jedoch der wesentliche Unterschied, daß (B) nicht eine Zerstörung einer Raum-Zeit-Symmetrie bedeutet, sondern die zufällige Eigenschaft einer Elementarteilchen-Art ist. Daß eine solche Eigenschaft auf kovariante Weise definierbar ist, liegt, wie LANDAU und PAULI zeigten, an der „Lichtartigkeit“ der Neutrinos. Jeder lichtartige Vektor, und daher auch der Impuls-Vierer-Vektor $\pi^\nu$ der Neutrinos, hat immer eine raumartige Komponente $\pi^i \neq 0$. — Hingegen gilt im Ruhsystem eines Teilchens mit Ruhmasse und dem Impuls-Energie-Vektor $p_\nu (p^\nu p_\nu > 0)$:

$$p_0 = mc, \quad p_i = 0; \qquad S_0 = 0, \quad S_i \neq 0, \quad (i = 1, 2, 3)$$

und somit auch allgemein $p_\nu S^\nu = 0$, was eine „Händigkeits“-Bedingung (B) ausschließt. — Die von EINSTEIN vermutete außer-geometrische Brechung der P- oder T-Invarianz ist also allgemein-kovariant nur für lichtartige Partikeln möglich.

Ab 1928 nahm EINSTEIN seine Bemühungen um eine einheitliche Feldtheorie der Gravitation und des Elektromagnetismus wieder auf. Er wurde in seiner Berliner Zeit hierbei vor allem durch seine Forschungsassistenten J. GROMMER und dann W. MAYER unterstützt. Seine mathematischen Diskussionspartner waren H. WEYL, E. CARTAN, T. LEVI-CIVITA und R. WEITZENBÖCK.

EINSTEIN versuchte zunächst, in seinen neuen Ansätzen von den Voraussetzungen über die algebraische Natur der grundlegenden Feldgrößen — Gravitationspotential gleich symmetrischer Tensor und elektromagnetische Feldstärke gleich antisymmetrischer Tensor — abzukommen. Seine neue „Einheitliche Feldtheorie“, die EINSTEIN 1928 und 1929 in der Akademie vortrug, fußte auf der von ihm begründeten „RIEMANNgeometrie unter Aufrechterhaltung des Begriffes des Fern-Parallelismus“ (1928). Diese Geometrie ersetzt den amorphen RIEMANNschen Raum der ART durch einen Raum mit einer „kristallinen“ Gitter-Struktur. EINSTEIN versuchte nun, die 16 Komponenten der 4 Gitter-Vektoren $h_\nu^A(x_\lambda)$ („Vierbeine“) mit dem Gravitationsfeld und dem elektromagnetischen Feld in Beziehung zu setzen. Es zeigt sich jedoch, daß mit den Vierbeinen nur eine Theorie des reinen Gravitationsfeldes (mit $g_{\mu\nu} = h_\mu^A h_\nu^B \eta_{AB}$) bildbar ist[12], weshalb EINSTEIN dann die Feldtheorie mit Fernparallelismus nur als eine geometrische Erweiterung der ART ansah, die „auf keine Weise zu einer Darstellung des elektromagnetischen Feldes“ führt (was WEYL wohl als erster erkannt hatte).

Bei seiner — mathematisch an die Akademie-Mitteilung von 1925 anschließenden — Begründung der „Relativitätstheorie des unsymmetrischen Feldes“ als „verallgemeinerter Gravitationstheorie“ in den Jahren von 1945 bis 1955 bezog sich EINSTEIN nunmehr auf die inzwischen als gesichert erscheinende C-Invarianz der physikalischen Gesetze. Merkwürdigerweise verwandte EINSTEIN hier aber nicht die Ladungssymmetrie als Argument für eine allgemein-relativistische Form der Feldtheorie, in der ja — gemäß seinem Lehrsatz — die C-Invarianz eine Konsequenz der Kovarianz der Feldgleichungen ist. EINSTEIN faßte vielmehr die Ladungssymmetrie als ein zusätzliches Prinzip auf, das aus der Fülle der mathematisch möglichen Verallgemeinerungen der ART die physikalisch relevanten auswählt.

Einstein stellte hierzu an die unsymmetrischen Feldgleichungen die Forderung ihrer „Transpositions-Invarianz“ oder „Hermite-Symmetrie“, die algebraisch seine „Plus-Minus-Relation“ zwischen den g und den Γ impliziert. Einstein und Straus führten hierzu (1945) eine komplexe Metrik mit Hermite-Symmetrie ein

$$g_{\mu\nu} = g^*_{\nu\mu} = g_{\underline{\mu\nu}} + g_{\underset{\smile}{\mu\nu}} = g_{\underline{\mu\nu}}' + if_{\mu\nu}\left(g_{\underline{\mu\nu}} = g_{\underline{\nu\mu}}, \quad g_{\underset{\smile}{\mu\nu}} = -g_{\underset{\smile}{\nu\mu}}\right),$$

die Einstein aber bald durch seine „pseudo-hermitische“ reelle Metrik ersetzte. Zur physikalischen Bedeutung der „Transpositions-Invarianz“ bemerkte Einstein noch 1955: „. . ., daß diese Forderung vom physikalischen Gesichtspunkte aus der Forderung entspricht, daß positive und negative Elektrizität symmetrisch in die Gesetze eingehen“ („The Meaning of Relativity“, App. II).

Die Geschichte des CPT-Theorems im Rahmen der einheitlichen geometrischen Feldtheorie bei Einstein zeigt auch die physikalische Bedeutung des Geometrisierungsprogramms. Die Geometrisierung der physikalischen Felder nach Einstein und Weyl impliziert die „Gleichwertigkeit von positiver und negativer Elektrizität“, d. h. die Gleichwertigkeit von Materie und Anti-Materie in bezug auf die geometrisierten Felder. Physikalische Wechselwirkungen, die diese C-Invarianzen brechen, sind demnach grundsätzlich nicht vollständig geometrisierbar (wenn als „Geometrisierung“ eines Feldes seine Darstellung durch Strukturen der Geometrie der vierdimensionalen Raum-Zeit-Welt verstanden wird).

### 5. *Der physikalische Raum und die Geometrisierung der Physik*

Der Raumbegriff ist in die Klassische Physik, die SRT und die ART sehr verschieden eingeführt worden, was sich in den korrespondensmäßigen Beziehungen zwischen der Newtonschen Kosmologie, der speziell-relativistischen Kosmologie und der relativistischen Kosmologie (gemäß Einstein, de Sitter, Friedmann und Eddington) widerspiegelt[13]:

Der Raum ist nach Newton, D'Alembert und dem jungen Kant ein Absolutum und ein Vacuum (mit materiellen Punkten als dynamischen Einheiten). Nach L. Euler oder H. A. Lorentz ist der Raum ebenfalls ein Absolutum, aber ein von Äther erfülltes Plenum. Die relativen Räume gemäß Huygens, Leibniz, Berkeley und dem späteren Kant sowie nach E. Mach, H. Poincaré und auch bei Minkowski und Einstein's SRT sind Vacua, die materielle Punkte enthalten.

Die relativen Räume in der Wirbeldynamik von DESCARTES, in H. HERTZ' Elektrodynamik und in EINSTEINS ART sind demgegenüber Plena[14].

Diese ganze Problematik fand einmal eine glänzende literarische Gestaltung in den philosophischen „Wörterbuch"-Artikeln und den „kleinen Romanen" von VOLTAIRE, dem großen Vorkämpfer NEWTON's und Gegner von DESCARTES' und LEIBNIZ' Naturphilosophie[15].

Der erneuten Hinwendung zum cartesianischen Raum als relativistischem Plenum im Ergebnis von EINSTEINS ART entspricht auch die Vacuum-Theorie der QM mit strukturierten Vacua von DIRAC's Konzeption des „Fermi-Sees" bis zur unitären Feldtheorie HEISENBERG's: die Partikeln werden hier als „Anregungszustände" des Vacuums betrachtet.

In der Physik erscheint — im Sinne der Raum-Philosophie von LEIBNIZ — die Mannigfaltigkeit der qualitativ und quantitativ verschiedenen Raum-Zeit-Konzeptionen als Komplement der hierarchischen Mannigfaltigkeit der Wechselwirkungen zwischen den Ereignissen. Mit den verschiedenen Wechselwirkungs-Typen korrespondieren verschiedene Raum-Zeit-Strukturen; die Vereinheitlichung der Wechselwirkungs-Theorien führt komplementär zu einem allgemeinen LEIBNIZschen Raumbegriff für die Physik.

GAUSS und RIEMANN unterschieden durch ihre Begründung der Differentialgeometrie die durch die Koordinatensysteme $\{x^l\}$ gegebene topologische Global-Struktur von den durch die Metrik $ds^2 = g_{ik}dx^i dx^k$ bestimmten lokalen Maßverhältnissen des Raumes. In der ART gilt entsprechend dem EINSTEINschen Äquivalenzprinzip im Infinitesimalen die SRT; die Tangentialräume der RIEMANN-EINSTEINschen Raum-Zeit-Mannigfaltigkeit sind die lokalen MINKOWSKI-Räume. Dagegen korrespondieren im großen, nämlich in der relativistischen Kosmologie, die EINSTEIN-FRIEDMANNschen Kosmen mit dem NEWTONschen absoluten Raum.

In den bimetrischen Gravitationstheorien wird das Gravitationsfeld (entweder der RIEMANNsche metrische Tensor $g_{ik}(x^l)$ oder die nicht-LORENTZsche Bezugstetrade $h_i^A(x^l)$ durch Feldgleichungen in der MINKOWSKIschen Raum-Zeit-Welt der SRT bestimmt. Diese Feldgleichungen sind entweder solche vom EINSTEIN-ROSEN-Typ für die $g_{ik}$, oder sie sind lineare homogene Wellengleichungen für die Bezugssysteme $h_i^A$. In bezug auf die so definierte RIEMANNsche Metrik

$$g_{ik} = h_i^A h_k^B \eta_{AB}; \qquad i, k = 0, 1, 2, 3 \quad A, B = 0, 1, 2, 3$$

(mit $\eta_{AB}$ als MINKOWSKIschen Tensor der Tangentialräume) werden dann (gemäß EINSTEIN, 1928; TREDER, 1967) die Gesetze für alle anderen physikalischen Wechselwirkungen entsprechend den EINSTEINschen allgemeinen Relativitäts- und Äquivalenzprinzipien formuliert.

Nach der Theorie der nichtmetrischen Übertragungen in der Raum-Zeit-Welt von H. WEYL sind diese Übertragungen (und damit auch der affine Zusammenhang $\Gamma^i_{kl}$ der Raum-Zeit-Mannigfaltigkeit nach E. CARTAN und die Parallelität nach T. LEVI-CIVITA) Funktionale der zu übertragenden Materiefelder selbst; der affine Zusammenhang $\Gamma^i_{kl}$ hängt nach WEYL somit vom Wechselwirkungstyp ab.

Die Hierarchie der Wechselwirkungen führt auch auf die Vorstellung, daß z. B. für das elektromagnetische Feld $F_{ik}$, dem ursprünglichen Gegenstand der SRT, die Raum-Zeit-Struktur sehr viel relevanter ist, als etwa für die starken Wechselwirkungen. Wechselwirkungen, die wie die starken Wechselwirkungen nur bei „unmittelbarer Berührung" wirksam werden, benötigen zu ihrer Beschreibung vermutlich weniger raum-zeitliche Bestimmungsstücke als weitreichende Wechselwirkungen wie die elektromagnetischen oder die gravischen. Für die starken Wechselwirkungen könnten etwa alle Geometrien gleichwertig sein, die das Koinzidenzverhalten und den Kausalnexus unverändert lassen, indem sie „die Bedingung der vereinigten Lage" (W. HAMILTON, H. HERTZ) bewahren. An die Stelle der RIEMANNschen Geometrie könnte dann eine HAMILTONsche Geometrie (d. h. eine FINSLERsche Geometrie) treten. Das allgemeine Relativitätsprinzip mit der EINSTEIN-Gruppe der Punkttransformationen $\bar{x}^i = \bar{x}^i(x^l)$ würde dabei durch ein allgemeines („kanonisches") Kovarianz-Prinzip ersetzt werden, das die Kovarianz gegenüber den Berührungstransformationen der geometrischen und kinematischen Objekte in der Raum-Zeit-Welt fordert. (Dies ist eine Übertragung der Klassifikation der Geometrien in KLEIN's „Erlanger Programm" auf die Physik.)

Diese „Auflockerung" der Raum-Zeit-Struktur könnte auch bedeuten, daß die „Präzisions-Geometrie" nach EUKLID, GAUSS, RIEMANN und HILBERT durch eine „Approximations-Geometrie" im Sinne von F. KLEIN[16] zu ersetzen ist. Eine Approximations-Geometrie als Welt-Geometrie hatten schon die griechischen Atomisten seit DEMOKRIT postuliert. Die Geometer KLEIN, MINKOWSKI und V. HJELMSLEV und die Physiker EINSTEIN, HEISENBERG, A. MARCH, H. YUKAWA u. a. sahen in der „Approximations-Geometrie" eine Möglichkeit zur Auflösung von Paradoxien des physikalischen Teilchenbegriffs, der in der SRT notwendig auf Punktteilchen führt, deren Konsistenz feldtheoretisch problematisch ist. Die Approximations-Geometrie erscheint bei HEISENBERG und MARCH mit der Existenz einer „kleinsten Länge", der „Elementarlänge" nach PLANCK oder HEISENBERG, verbunden, unterhalb der die physikalischen Begriffe ihre Bedeutung verlieren[17 18].

In der relativistischen Kosmologie wird seit A. A. FRIEDMANN und G. LEMAÎTRE gezeigt, daß und wie sich die Zeitabhängigkeit der Weltgeometrie als kosmische Existenzform der Materie (ENGELS) den physikalischen Prozessen aufprägt und damit die genuine Irreversibilität der Entwicklung des Universums bestimmt.

Mit dem sehr unterschiedlichen Struktur-Reichtum der zur theoretischen Beschreibung bestimmter physikalischer Zusammenhänge notwendigen Aussage über die raum-zeitlichen Beziehungen korrespondieren also unterschiedliche erkenntnistheoretische Konzeptionen der Begriffe „Raum" und „Zeit". Es werden z. T. mehr die absoluten und z. T. mehr die relativen Aspekte oder auch z. T. mehr die substantiellen und z. T. mehr die funktionalen Aspekte von Raum und Zeit involviert.

NEWTON's Dynamik und EINSTEIN's ART lehren beide, daß die Geochronometrie von Raum und Zeit nicht nur die Lagerelationen und die Kinematik, sondern auch die Dynamik determiniert. EINSTEIN's ART zeigt darüber hinaus, daß umgekehrt auch die lokale Metrik der Raum-Zeit durch die Massen, Bewegungen und Spannungen der Materie bestimmt wird. — In der ART ist dagegen die Globalstruktur der Welt unabhängig vom materiellen Inhalt gegeben. Das globale Bezugssystem realisiert — bis auf die regulären Transformationen der EINSTEIN-Gruppe — NEWTON's absoluten Raum und drückt damit die von WEYL betonte „Übermacht des Äthers", das Primat der Geometrie, aus. — Daß es einen solchen absoluten Raum nicht gibt, der Raum vielmehr Relationscharakter habe, war der Ausgangspunkt der Kritiken von HUYGENS und LEIBNIZ an NEWTON's Raum-Philosophie. Dieser Relationscharakter verlangt nach HUYGENS und LEIBNIZ die Relativierung der Dynamik im Sinne ihrer vollständigen Bedingtheit durch die kosmischen Massen, die dann nicht nur die Metrik, sondern auch die Topologie bestimmen.

Prinzipiell enthält eine geometrisierte Feldtheorie experimentell nachprüfbare (zumindest falsifizierbare) Aussagen, die eine nichtgeometrisierte Theorie nicht liefern würde. EINSTEIN's Geometrisierung des Gravitationspotentials als metrischer Tensor $g_{ik}$ der Raum-Zeit-Welt führt zu einem nichtverschwindenden RIEMANNschen Krümmungstensor $R^i_{klm}$ und damit zu einer Wegabhängigkeit aller gerichteten Größen, die als ein zusätzlicher (nicht-NEWTONscher) Gezeiten- oder als Präzessions-Effekt meßbar sind.

WEYL's konform-invariante Verallgemeinerung der RIEMANNschen Geometrie der ART ergäbe zusätzlich noch eine Wegabhängigkeit auch der Invarianten, d. h. der skalaren Eigengrößen. EINSTEIN bemerkte hierzu bereits 1918, daß eine derartige Wegabhängigkeit der Eigengrößen eine Abhängigkeit der quantenphysikalischen Eigenwerte von der Vorgeschichte der Atome, Elementarteilchen usw. impliziert, die mit der Physik unvereinbar ist. — EINSTEIN's allgemeine Relativität führt auf eine RIEMANNsche Geometrie der Raum-Zeit (im Sinne von KLEIN's „Erlanger Programm") und läßt noch genügend viele physikalische Strukturen invariant. WEYL's konformale Verallgemeinerung der EINSTEIN-

Gruppe zerstört hingegen zu viele Strukturen; die physikalischen Grundgesetze sind nur für lichtartige Partikeln kovariant gegenüber WEYL's konformalen Transformationen.

Eine physikalische Bestimmung der Globalstruktur (der Topologie) der Welt verlangt physikalische Prinzipien, welche das Koordinaten-System $\{x^i\} = \{ct, x, y, z\}$ global bis auf r e g u l ä r e Transformationen der EINSTEIN-Gruppe festlegen. Eine solche eindeutige Bestimmung der Topologie des Raumes durch die Materie postuliert das „MACHsche Prinzip" in seiner geometrischen Form als „MACH-EINSTEIN-Doktrin".

Wir haben (TREDER 1972/74) gezeigt, daß der Ansatz zu einer konkreten Formulierung dieser Doktrin (mit Hilfe des HERTZschen Konfigurationsraumes) auch lokale physikalische Konsequenzen besitzt, d. h. Effekte impliziert, die es nicht geben würde, wenn die Globalstruktur des Raumes nicht durch seinen physikalischen Inhalt bestimmt würde. Diese Effekte sind Aussagen über zusätzliche „säkulare Störungen" in der Gravitationsdynamik, welche aus den reziproken Einwirkungen eines EINSTEIN-MACHschen Universums auf die lokalen Trägheitseigenschaften der Materie resultieren.

Karl Schröter

# Das Problem der Geometrisierung der Physik vom Standpunkt der mathematischen Grundlagenforschung aus

Jürgen Treder hat in seinem heutigen Plenarvortrag eingehend den Stand der Geometrisierung der Physik bzw. der Physikalisierung der Geometrie dargestellt. In meinem Diskussionsbeitrag will ich auf einige Aspekte der Geometrisierung der Physik vom Standpunkt der mathematischen Grundlagenforschung aus eingehen, oder anders ausgedrückt: ich werde das Problem der Geometrisierung der Physik vom Standpunkt der mathematischen Grundlagenforschung aus behandeln.

Die Geometrisierung der Physik betrifft die Rückführbarkeit der physikalischen Grundbegriffe auf geometrische. Es handelt sich also ganz allgemein um die Frage, ob die physikalischen Grundbegriffe mit Hilfe geometrischer Begriffe definierbar sind. Das Problem der Definierbarkeit gewisser Begriffe mit Hilfe anderer ist nun eines der Grundprobleme der mathematischen Grundlagenforschung. Hierbei sind wichtige Resultate erzielt worden, die auch für unseren Fall von großer Bedeutung sind.

Ich will ausgehen von dem analogen Fall der Zurückführung der Grundbegriffe der Arithmetik auf die der Relationstheorie. Auf Grund der Untersuchungen von Richard Dedekind — in seinem fundamentalen sogenannten Zahlenbüchlein: „Was sind und was sollen die Zahlen?“ — ist es möglich, die arithmetischen Grundbegriffe, also den Begriff der natürlichen Zahl, die Nachfolgerbeziehung, die Ordnung, die Addition und die Multiplikation von natürlichen Zahlen explizit im Rahmen der allgemeinen Relationentheorie zu definieren. Da andererseits die Grundbegriffe der Relationentheorie auf die der einstelligen Attribute oder Eigenschaften zurückgeführt werden können, und da ferner diese sich ihrerseits durch einen isomorphen Übergang auf die allgemeine Mengenlehre zurückführen lassen, ist es möglich, alle arithmetischen Grundbegriffe explizit im Rahmen der allgemeinen Mengenlehre zu definieren. Das heißt, es ist möglich, für die Aussage: „n ist eine natürliche Zahl“ und ebenso für die weiteren arithmetischen Grundaussagen, Aussagen der allgemeinen Mengenlehre anzugeben, in denen als Grundbegriff nur die mengentheoretische Elementbeziehung vorkommt, so daß alle gültigen Aussagen über natürliche Zahlen durch gültige Aussagen der allgemeinen Mengenlehre dargestellt werden.

Es erhebt sich nun die Frage, unter welchen Bedingungen eine derartige Rückführung der Grundbegriffe einer umfassenden Theorie auf die einer engeren Theorie möglich ist. Hierbei ist ein zuerst von ALFRED TARSKI in voller Allgemeinheit angegebener Satz von grundlegender Bedeutung. Ich will ihn wieder am Beispiel der Arithmetik bzw. der allgemeinen Mengenlehre erläutern.

Um eine derartige Rückführung zu ermöglichen, ist es sicher erforderlich, die Mengenlehre in einem doppelten Sinn möglichst vollständig zu machen. Zunächst einmal wird man versuchen zu erreichen, daß sie in bezug auf die gültigen Sätze möglichst vollständig ist. Das Äußerste, was sich hierbei erreichen läßt, ist, daß die allgemeine Mengenlehre so vollständig wird, daß je zwei ihrer Modelle isomorph sind. Man nennt ein System, für das je zwei Modelle isomorph sind, kategorisch. Bei einem kategorischen System gibt es jedoch, wie man heute weiß, im allgemeinen Fall noch sehr viele Möglichkeiten der Zuordnung, so daß insbesondere die Grundbegriffe nicht eindeutig festgelegt zu sein brauchen. Diese eindeutige Festlegung der Grundbegriffe läßt sich jedoch erreichen, wenn es gelingt, das System so vollständig zu machen, daß nicht nur je zwei Modelle isomorph sind, sondern daß es sogar stets nur einen einzigen derartigen Isomorphismus gibt. Gibt es stets höchstens eine derartige isomorphe Abbildung, so heißt das betreffende System monotransformabel. Ein kategorisches und monotransformables System wird strikt kategorisch genannt.

Und nun gilt der folgende allgemeine Satz: Ist das Ausgangssystem strikt kategorisch, so sind die hinzukommenden Grundbegriffe eines erweiterten, ebenfalls möglichst strikt kategorischen, Systems schon mit Hilfe der Grundbegriffe des engeren Systems explizit definierbar. Ich will hier nicht darauf eingehen, ob es überhaupt möglich ist, die allgemeine Mengenlehre strikt kategorisch zu machen. Vielmehr genügt es, darauf hinzuweisen, daß es jedenfalls möglich ist, das System der allgemeinen Mengenlehre tatsächlich bei allen Arten ihres Aufbaus so vollständig zu machen, daß sich in der Tat die arithmetischen und dann auch alle weiteren, auf ihnen aufbauenden Begriffe der Mathematik durch explizite Definitionen auf solche der allgemeinen Mengenlehre zurückführen lassen. In diesem Sinne läßt sich der gesamte derzeitige Bestand der Mathematik mengentheoretisch begründen.

Wir wollen nun diese Resultate, insbesondere den Satz von TARSKI, auf das Problem der Geometrisierung der Physik anwenden. Dabei gehen wir aus von einem hinreichend ausdrucksfähigen System der Geometrie. Natürlich ist hierbei keines der üblichen axiomatischen Systeme der Geometrie ausreichend, in denen als Grundbegriffe nur Punkte, Geraden, Ebenen, ferner die Inzidenz-, Anordnungs- und die Kongruenzbeziehung vorkommen. Das geometrische System soll vielmehr so ausdrucksfähig sein, daß in ihm die topologischen, die Anordnungs- und die metrischen Beziehungen in voller Allgemeinheit behandelt werden können. Dabei soll außerdem die gesamte übrige Mathematik, also insbesondere die Analysis zur Verfügung stehen. Es soll sich also um ein geometrisches System nach der Art der RIEMANNschen Geometrie handeln. Man wird wieder versuchen, dieses System möglichst strikt kategorisch zu machen. Jedenfalls ist dieses System dann ein Teil der Physik, besser einschränkend: der Mechanik. Nimmt man nun zur Geometrie die mechanischen Grundbegriffe hinzu, so wird man ebenfalls anstreben, das erweiterte mechanische System strikt kategorisch zu machen. Es gibt in der Tat eine ganze Reihe von derartigen Axiomatisierungen der allgemeinen Mechanik. Schon NEWTON hat eine solche Axiomatisierung in den Grundzügen angestrebt. Bei der Lehrbuchliteratur verweise ich auf die Vorlesungen von GEORG HAMEL. Ein System in dem Sinn, den ich hier intendiere, wurde insbesondere in der Arbeit von HANS HERMES mit dem Titel: „Eine Axiomatisierung der allgemeinen Mechanik" (Leipzig, 1938) in den Grundzügen entwickelt. Mir ist zwar bekannt, daß gegen diese radikale Axiomatisierung der Mechanik Einwände erhoben worden sind. Für unsere vorliegenden Überlegungen ist es jedoch nur von Belang, daß es prinzipiell möglich ist, eine derartige Axiomatisierung zu entwickeln. Liegt diese dann vor, so ergibt sich auf Grund des Satzes von TARSKI, daß die zur Geometrie hinzukommenden mechanischen Grundbegriffe mit Hilfe der geometrischen definierbar sind.

Auf diese Art läßt sich also die Mechanik und darauf aufbauend sukzessive die gesamte Physik geometrisieren. Genau dieses Programm hat nun auch EINSTEIN in seiner Problemstellung dargelegt. JÜRGEN TREDER hat darüber berichtet, wie weit dieses Programm bis heute durchführbar ist. Ich möchte hierbei insbesondere auf die Untersuchungen von HERMANN WEYL über das Raumproblem hinweisen, die schon einen bedeutenden Beitrag zur Realisierung des EINSTEINschen Programms liefern. Ich verweise ferner auf die Ergebnisse der EINSTEIN-Tagung 1965 unserer Akademie. Mir ist in Erinnerung, daß von mehreren Teilnehmern, insbesondere von dem bekannten Physiker WHEELER, die weitere Forschung auf diesem Gebiet sehr positiv eingeschätzt worden ist. Es hat jedenfalls keine grundsätzlichen Bedenken gegen die Durchführung dieses Programms der Geometrisierung der Physik gegeben. Die Ausführungen von JÜRGEN TREDER zeigen jedoch, daß jedenfalls noch viel Forschungsarbeit zu leisten sein wird, bis es möglich ist, ein befriedigendes hinreichend ausdrucksfähiges geometrisches System zu entwickeln, in dessen Rahmen im Sinn von EINSTEIN die einheitliche Darstellung eines möglichst umfassenden Teiles der Physik möglich ist.

Wenn eine derartige Geometrisierung der Physik erfolgt ist, so ergeben sich weitere wichtige Konsequenzen. Wie schon erwähnt wurde, läßt sich das zugrunde liegende geometrische System, wie alle mathematischen Theorien, schließlich auf die allgemeine Mengenlehre zurückführen. Als Endkonsequenz ergibt sich also, daß auf diese Art die Physik auf die Mathematik und damit auf die allgemeine Mengenlehre bzw. die Attributen- oder Relationentheorie einheitlich zurückführbar ist.

Man darf dieses Resultat nicht überschätzen. Trotz seiner großen grundsätzlichen Bedeutung hat man auf diese Art keine Allheil-Methode zur Behandlung beliebiger physikalischer Probleme. So wird mit Sicherheit kein einziges grundlegendes Problem etwa der Strömungsmechanik auf diese Art leichter zugänglich. Vielmehr wäre es geradezu verfehlt, wenn man bei komplizierten mechanischen Problemen stets auf die zugrunde liegenden rein mathematischen Probleme zurückgehen würde. Die betreffenden Probleme würden im allgemeinen Fall nur noch komplizierter und vor allem unanschaulicher, uneinsichtiger. Man darf die Möglichkeit der Geometrisierung der Physik aber auch nicht unterschätzen. Denn es ist sehr wohl möglich, daß sich auf diese Art neue Einsichten ergeben, die auch für die Praxis von größter Bedeutung sein können. Jede tiefere Einsicht in den Aufbau der Welt liefert auch immer wieder weitere Möglichkeiten der Beherrschung der Naturvorgänge und ihrer technischen Anwendungen.

Noch ein weiterer Aspekt dieser Forschungen soll ausdrücklich erwähnt werden. Bei den hier dargelegten Untersuchungen handelt es sich genaugenommen gar nicht mehr um physikalische bzw. mathematische Untersuchungen. Sie gehören vielmehr zur sogenannten Metamathematik bzw. zur Metatheorie der Physik. Bei ihnen wird nämlich die betreffende mathematische bzw. physikalische Theorie selbst zum Gegenstand der Untersuchung gemacht. Bei diesen Untersuchungen werden jedoch ihrerseits mathematische bzw. physikalische Methoden verwendet, und dadurch gehören sie doch wieder zur Mathematik bzw. Physik selbst. Die Erfahrung zeigt, daß sie nach einer gewissen Zeit einfach als Ergebnisse der Mathematik bzw. Physik hingenommen werden. So werden z. B. Untersuchungen über die Grundlagen der Geometrie, nachdem sie zum Aufbau der Nicht-Euklidischen Geometrien geführt haben, einfach wieder zur Geometrie selbst gerechnet. In diesem Sinne braucht man dann z. B. zwischen Mathematik und Metamathematik überhaupt nicht mehr zu unterscheiden.

Dennoch sei auf einen allgemeinen philosophischen Aspekt hingewiesen. Einer meiner Schüler hat mich vor einiger Zeit auf sehr bemerkenswerte Ausführungen von HEGEL hingewiesen. HEGEL sagt nämlich an gewissen Stellen sinngemäß, daß die Mathematik ein solches Stadium ihrer Entwicklung erreicht hat, daß sie sich ihrer selbst, d. h. der in ihr behandelten Probleme, bewußt wird. Für HEGEL ist bekanntlich jegliche Geschichte eine Geschichte der Bewußtwerdung des Weltgeistes. Sieht man einmal von der idealistischen Formulierung ab, so hat HEGEL immerhin vor mehr als 150 Jahren zu einer Zeit, als kein Mathematiker daran dachte, schon sehr zutreffend den Charakter der mathematischen Grundlagenforschung erkannt. In der mathematischen Logik und Grundlagenforschung wird sich die Mathematik in dem Sinne ihrer selbst bewußt, daß sie selbst zum Gegenstand der Untersuchung gemacht wird. Man kann diesen Tatbestand allerdings auch ganz schlicht so ausdrücken, daß in der mathematischen Grundlagenforschung insbesondere die Tragweite und die Grenzen mathematischer Theorien und Methoden untersucht werden. Aber trotzdem gibt die HEGELsche Formulierung gerade den entscheidenden Gesichtspunkt vollkommen zutreffend wieder. Dabei muß allerdings HEGEL ergänzt werden, dahin, daß bei diesen Grundlagenuntersuchungen wieder mathematische Methoden verwendet werden und daß sie damit selbst zur Mathematik gehören. Und die hierbei erzielten Ergebnisse bestätigen die grundlegende Erkenntnis von LEIBNIZ über den mathematischen Charakter unserer Welt: Die grundlegenden Begriffe aller Wissenschaften, insbesondere der Naturwissenschaften, und die für sie gültigen Sätze haben mathematischen Charakter. Darin besteht die fundamentale Bedeutung der Mathematik.

## *Nachtrag*

In einem späteren Gespräch hat J. TREDER die Bemerkung gemacht, daß die vorstehenden Ausführungen über die Geometrisierung der Physik deshalb gegenstandslos würden, weil es kein strikt kategorisches System für die Mechanik gibt und weil sich die Mechanik wahrscheinlich überhaupt nicht strikt kategorisch charakterisieren läßt. Das ist in einem gewissen Sinne richtig. Aus meinen obigen Ausführungen ergibt sich nämlich folgender Zusammenhang: Wenn sich die Geometrie und die Mechanik strikt kategorisch charakterisieren lassen, so ist die Mechanik auf die Geometrie zurückführbar. Wer also diese Rückführbarkeit für unmöglich hält, muß auch eine strikt kategorische Charakterisierung der Mechanik für unmöglich halten.

Trotzdem ist auch bei Annahme der Unmöglichkeit einer strikt kategorischen Charakterisierung der Mechanik das Problem der Geometrisierung der Physik nicht endgültig für unlösbar erklärt. Die Lage ist vielmehr grundsätzlich die gleiche wie im Fall der Arithmetik. Es gibt auch kein strikt kategorisches Axiomensystem der Mengenlehre und infolgedessen auch kein strikt kategorisches, die Mengenlehre umfassendes System der Arithmetik. Trotzdem ist es sicher, daß sich die arithmetischen Grundbegriffe definitorisch auf solche der allgemeinen Mengenlehre zurückführen lassen. Obwohl es nämlich kein ein für allemal feststehendes endgültiges, strikt kategorisches Axiomensystem der allgemeinen Mengenlehre gibt, gibt es eine Folge von immer umfassenderen Axiomensystemen der Mengenlehre, wobei nämlich, wie man heute weiß, im wesentlichen nur Aussagen über die Existenz sehr großer, exorbitanter Mächtigkeiten hinzugenommen werden müssen. Die üblichen Gesetze der natürlichen Zahlen hängen aber von der Existenz derartiger exorbitant großer Mächtigkeiten gar nicht ab. Und infolgedessen lassen sich doch die arithmetischen Grundbegriffe mengentheoretisch definieren.

Bei der Geometrisierung der Physik scheint mir die Lage ganz ähnlich zu sein. Auch hier hat man kein ein für allemal feststehendes, strikt kategorisches Axiomensystem für die Geometrie. Man hat aber wieder eine Folge von immer umfassenderen Axiomensystemen. Und man kann als sicher annehmen, daß bei geeigneter Wahl der geometrischen Systeme und der durch Hinzunahme der mechanischen Grundbegriffe erweiterten Systeme der Mechanik wieder die mechanischen Grundbegriffe schon durch geometrische explizit definiert werden können. Es ist jedoch ein schwieriges, bisher nicht endgültig gelöstes Problem, eine derartige Folge von immer umfassenderen Systemen der Geometrie aufzustellen. Es scheint mir jedoch sicher zu sein, daß sowohl Einstein als auch Weyl und Wheeler der Meinung gewesen sind, daß sich auf diese Weise tatsächlich nach und nach immer weitere Teile der Physik geometrisieren lassen. Man erhält nämlich jeweils immer vollständigere und ausdrucksfähigere Systeme, die zwar nicht ein für allemal strikt kategorisch sind, aber durch evtl. weitere Erweiterung immer vollständiger und ausdrucksfähiger gemacht werden können, und zwar so, daß dann stets in einem derartigen umfassenderen System doch die mechanischen bzw. sonstigen physikalischen Grundbegriffe durch explizite Definitionen auf geometrische zurückführbar sind.

Hans-Jürgen Treder

## Antwort an Karl Schröter

Wir müssen unterscheiden zwischen der Darstellung eines Gebietes der Physik in den Begriffen und in der Sprache einer Geometrie und der Geometrisierung der Physik als Absorption der physikalischen Felder und Wechselwirkungen in die Geometrie der vierdimensionalen Raum-Zeit-Welt. Zum Beispiel gibt die analytische Mechanik von LAGRANGE, HAMILTON und JACOBI eine Beschreibung der Dynamik eines N-Teilchen-Systems in der Sprache der Geometrie eines 3N-dimensionalen Konfigurationsraumes (als HAMILTONsche Geometrie mit einer durch die LAGRANGE-Funktion definierten FINSLERschen Metrik). Diese Darstellung der klassischen Mechanik ist aber mit der durch die NEWTONschen Axiome definierten inhaltlich vollständig identisch. Genauso gibt auch HERTZ' Geometrisierung der analytischen Mechanik als kräftefreie Kinematik im Konfigurationsraum inhaltlich nur die NEWTONsche Dynamik wieder.

Demgegenüber ist EINSTEIN's Allgemeine Relativitätstheorie die Geometrisierung des Gravitationspotentials, durch dessen Identifizierung mit der RIEMANNschen Metrik der (3 + 1)-dimensionalen realen physikalischen Welt. Die Allgemeine Relativitätstheorie ist inhaltlich eine Erweiterung und Modifikation der NEWTONschen Gravodynamik.

Der HAMILTON-Formalismus der klassischen Mechanik ist eine große mathematische Theorie, die in geometrischer Sprache formuliert werden kann; sie enthält aber physikalisch nichts Neues gegenüber NEWTON's „principia". Zwischen NEWTON's und EINSTEIN's Gravodynamik läßt sich hingegen experimentell unterscheiden.

*Anmerkungen*

1. EINSTEIN hat diesen Gedanken 1938 in Princeton (gemeinsam mit seinen Schülern und Mitarbeitern B. HOFFMANN und L. INFELD) ausgebaut und die volle allgemeinrelativistische Dynamik von Massenpunkten aus den Feldgleichungen deduziert.

In direkter Fortsetzung von EINSTEIN's Arbeit von 1927 hat gleichzeitig V. A. FOCK die relativistischen Bewegungsgesetze für ausgedehnte Körper aus den Feldgleichungen abgeleitet (s. FOCK's Buch „Theorie von Raum, Zeit und Gravitation", 1956).

2. S. hierzu HILBERT's Aufsatz von 1915/16 und die Zusammenfassung in PAULI's Encyclopädie-Artikel von 1921 unter der Überschrift „Elementarteilchen".
3. Man vergleiche hierzu EINSTEIN's Diskussion mit E. SCHRÖDINGER (1918) über den POINCARÉschen Druck in der Kosmologie.
4. Unter Bezugnahme auf den EINSTEIN-Kosmos (und auch mit Berufung auf die MACH-EINSTEIN-Doktrin) hat A. S. EDDINGTON dies später bei seinem Versuch einer Verschmelzung der ART mit der Quantentheorie zur „Relativitätstheorie der Protonen und Elektronen" (1936) zu benutzen versucht. EDDINGTON's „Fundamental-Theorie" war der Versuch einer kosmologischen Realisierung von EINSTEIN's Teilchenprogramm. Hierbei formulierte EDDINGTON für das EINSTEINsche Universum seine Zahlen-Relationen zwischen den kosmischen und den elementaren Quantitäten (EDDINGTONsche Zahl $N = 10^{40}$).
5. Zusammen mit W. DE SITTER fand EINSTEIN 1932 als einfachstes dieser Weltmodelle den räumlich ebenen EINSTEIN-DE SITTER-Kosmos.
6. Demgegenüber hielten auch nach 1930 diejenigen Kosmologen, die wie EDDINGTON das MACHsche Prinzip weiterhin als Fragestellung akzeptierten, EINSTEIN's kosmologischen Term für einen wesentlichen Bestandteil der relativistischen Gravitationsgleichungen.
7. EINSTEIN (1925) und EINSTEIN und E. G. STRAUS (1945). — Diese Relation wurde auch von SCHRÖDINGER (1947) in seine Version der einheitlichen Feldtheorie übernommen; s. SCHRÖDINGER's Buch „Space-Time-Structure" (1950).
8. Die Elektronen waren am Ausgang des 19. Jahrhunderts von J. J. THOMSON, die Protonen zu Beginn des 20. Jahrhunderts von E. RUTHERFORD als subatomare Teilchen nachgewiesen worden.
9. Außerhalb von RUTHERFORD's Cavendish-Laboratorium ahnte man wohl auch nichts von der Existenz von neutralen Teilchen mit Ruhmasse, den Neutronen.
10. PAULI hob in der Neuausgabe seines Enzyklopädie-Artikels (1958) hervor, daß mit der Entdeckung der Anti-Teilchen durch SEGRÉ u. a. (seit 1955) diejenigen Argumente gegen eine Feldtheorie der Teilchen — im Sinne von EINSTEIN's „Teilchen-Problem" —, die sich auf die Asymmetrie der beiden Elektrizitäts-Arten beriefen, hinfällig geworden waren. PAULI bemerkt aber nicht, daß damit umgekehrt nun das EINSTEINsche Teilchen-Programm die Priorität bezüglich des Hinweises auf die Existenz von „Anti-Materie" bekommt.
11. 1928/29 hat WEYL die Idee einer Vereinheitlichung von Gravitation und Elektromagnetismus im Rahmen einer geometrischen Feldtheorie aufgegeben und in seiner berühmten Arbeit zur allgemein-relativistischen Quantentheorie des Elektrons, „Elektron und Gravitation" (1929), die Ansicht ausgesprochen, daß „die Elektrizität ein Begleitphänomen des materiellen Wellenfeldes und nicht der Gravitation" ist.
12. S. hierzu auch mein Buch „Gravitationstheorie und Äquivalenzprinzip" (1971).

13. Man vergleiche hierzu mein Büchlein „Elementare Kosmologie" (1975).
14. Auf die Verwandtschaft der cartesianischen und der allgemein-relativistischen Raum-Konzeption — im Gegensatz zu den Raum-Konzeptionen bei Newton und bei Kant und auch zu denen von Mach und in der SRT — hat Einstein in seinen letzten Arbeiten zur einheitlichen geometrischen Feldtheorie besonders hingewiesen. S. A. Einstein „Über spezielle und allgemeine Relativitätstheorie", 5. Anhang „Relativität und Raumproblem", 1956.
15. In der Naturphilosophie der antiken Atomisten Demokrit, Epikur und Lukrez war der Raum ein Vakuum, in dem sich die Atome frei bewegten. Die Naturphilosophie Platon's und vor allem die peripatetische Physik von Aristoteles betrachteten den Raum dagegen als Plenum. Aristoteles' Raum- und Bewegungs-Begriff ist tatsächlich dem von Descartes verwandt. Der Nachweis der Möglichkeit (makroskopischer) Vacua durch Torricelli, Guericke und Pascal erschien so als eine Widerlegung der peripatetischen und der cartesianischen Physik, der die Cartesianer den Begriff des „Äthers" entgegensetzten. — Diesen „Äther" machten dann Huygens, Euler und Fresnel zur Grundlage der Wellentheorie des Lichtes — gegen Newton's sich auf die Leere des kosmischen Raumes berufende Emissions-Theorie.
16. Vgl. F. Klein's „Elementarmathematik vom höheren Standpunkt", Bd. III, „Präzisions- und Approximationsmathematik". (Man vgl. auch Minkowskis „Geometrie der Zahlen"). — Dagegen wandte H. Weyl („Philosophie in Mathematik und Naturwissenschaften") vor allem gegen Hjelmslevs „Approximations-Geometrie" ein, daß sie zu inhaltsleer wird, um ein „ideales Fundament für Astronomie und Atomphysik" abzugeben (s. auch Treder, „Der physikalische Raum").
17. Die Punktförmigkeit der Teilchen führt in der Maxwellschen Elektrodynamik und in Einstein's ART zu Feldsingularitäten. Diese sind mathematisch eine Konsequenz der Anwendung der Analysis in beliebig kleinen Raum-Gebieten, was sowohl durch die Approximations-Geometrie als auch durch eine Elementarlänge ausgeschlossen wird.
18. Die Frage nach einer mikrophysikalischen Grenze für die Anwendbarkeit des geometrischen Kontinuum-Begriffs hat schon Riemann gestellt. Riemann und nach ihm Einstein diskutierten wiederholt „Möglichkeit und Notwendigkeit einer Algebraisierung" der Geometrie des physikalischen Raumes. Nach Riemann und Einstein wäre der Raum (bzw. die Raum-Zeit) — im Gegensatz zu G. Cantors Auffassung — dann ein nulldimensionales Diskontinuum mit einer „Klotz-Topologie" und einer Metrik, wie sie Minkowski zur Geometrisierung der Arithmetik als „Geometrie der Zahlen" geschaffen hat.

## *Bibliographie*

A. Einstein: Sammlung wissenschaftlicher Abhandlungen, Bd. I—IV, Moskau 1965—1967.

A. Einstein: Die Grundlage der ART. Leipzig 1916, 5th edn. Aufl., 1929.

A. EINSTEIN: Über spezielle und allgemeine Relativitätstheorie. Braunschweig 1917, 21st edn. Aufl. Berlin 1969/70.

A. EINSTEIN: The Meaning of Relativity. Princeton 1921, 3rd edn. ed. App. II "The Generalized Theory of Gravitation", 1950.
5th edn. ed. App. II "The Relativistic Theory of the Non-Symmetric Field", 1955.

A. EINSTEIN: Grundzüge der Relativitätstheorie. 5th edn. Aufl. Berlin, Braunschweig 1969/70, 7th edn. Aufl. von „Vier Vorlesungen über Relativitätstheorie". Braunschweig 1922.

A. EINSTEIN: Mein Weltbild. Amsterdam 1934, West-Berlin 1972.

A. EINSTEIN: Aus meinen späten Jahren. Stuttgart 1952.

A. EINSTEIN: Philosoph und Naturforscher (1949). Stuttgart 1955.

A. EINSTEIN und L. INFELD: Die Evolution der Physik (1938). Hamburg 1956 und 1970.

*Literatur*

A. EINSTEIN: Zum gegenwärtigen Stand des Strahlungsproblems. Phys. Z. **10**, 185—193 (1909).

A. EINSTEIN: Das Elektron in der Allgemeinen Relativitätstheorie. Physica **5**, 330—334 (1925).

A. EINSTEIN, L. INFELD und B. HOFFMANN: Gravitational Equations and the Problems of Motion. I u. II, Ann. of Math. **39**, 65—100 (1938); **41**, 455—466 (1940).

A. EINSTEIN und W. PAULI: Non-Existence of Regular Stationary Solutions of Relativistic Equations. Ann. of Math. **44**, 131—137 (1943).

A. EINSTEIN und E. G. STRAUS: Generalization of the Relativistic Theory of Gravitation. I u. II, Ann. of Math. **46**, 578—584 (1945); **47**, 731—741 (1946).

A. EINSTEIN und B. KAUFMANN: Sur l'etat actuel de la théorie générale de la gravitation. In L. DE BROGLIE, Physicien et Penseur. Paris 1953, pp. 321—342.

Aus den Sitzungsberichten der AdW zu Berlin:

A. EINSTEIN: Eine neue formale Deutung der MAXWELLschen Feldgleichungen der Elektrodynamik. **1916**, 184—188.

A. EINSTEIN: Kosmologische Betrachtungen zur ART. **1917**, 1. Teil 142—152.

A. EINSTEIN: Der Energiesatz in der Allgemeinen Relativitätstheorie **1918**, 1. Teil 448—459.

A. EINSTEIN: Spielen Gravitationsfelder im Aufbau der Elementarteilchen eine wesentliche Rolle? **1919**, 1. Teil 349—356.

A. EINSTEIN: Geometrie und Erfahrung. **1921**, 1. Teil 123—130.

A. EINSTEIN: Eine naheliegende Ergänzung des Fundaments der Allgemeinen Relativitätstheorie. **1921**, 1. Teil 261—264.

A. EINSTEIN: Zur Allgemeinen Relativitätstheorie. Phys.-math. Klasse **1923**, 32—38, 76—77.

A. EINSTEIN: Zur affinen Feldtheorie. Phys.-math. Klasse **1923**, 137—140.

A. EINSTEIN: Bietet die Feldtheorie Möglichkeiten zur Lösung des Quantenproblems? Phys.-math. Klasse **1923**, 359—364.

A. EINSTEIN: Einheitliche Feldtheorie von Gravitation und Elektrizität. Phys.-math. Klasse **1925**, 414—419.

A. EINSTEIN und J. GROMMER: Allgemeine Relativitätstheorie und Bewegungsgesetz I und II. Phys.-math. Klasse **1927**, 2—13, 235—245.

A. EINSTEIN: Riemanngeometrie mit Aufrechterhaltung des Begriffes des Fernparallelismus. Phys.-math. Klasse **1928**, 217—221.

A. EINSTEIN: Einheitliche Feldtheorie. Phys.-math. Klasse **1929**, 2—7.

A. EINSTEIN: Zum kosmologischen Problem der Allgemeinen Relativitätstheorie. Phys.-math. Klasse **1931**, 235—237.

H. ALFVÉN: Kosmologie und Antimaterie (1966). Frankfurt 1967 und 1969.

P. A. M. DIRAC: Die Prinzipien der Quantenmechanik. Leipzig 1930.

A. S. EDDINGTON: Relativitätstheorie in mathematischer Behandlung. (Mit einem Anhang von EINSTEIN.) Berlin 1925.

A. S. EDDINGTON: Fundamental Theory. Cambridge 1948 und 1953.

V. A. FOCK: Theorie von Raum, Zeit und Gravitation. Moskau 1956, Berlin 1960.

H. HERTZ: Die Prinzipien der Mechanik. Leipzig 1894.

D. HILBERT: Die Grundlagen der Physik I und II. Göttinger Nachr. **1915** u. **1916**. Math. Ann. **92**, 1—32 (1924).

B. HOFFMANN und H. DUKAS: ALBERT EINSTEIN. New York 1972 und 1973.

L. D. LANDAU: Collected Papers. New York, London 1965.

L. D. LANDAU und E. M. LIFSCHITZ: Relativistische Quantentheorie. Berlin 1970—1973.

M. v. LAUE: Die Relativitätstheorie, Bd. II, Braunschweig. 1. Aufl. 1921, 3. Aufl. 1953.

A. MOSZKOWSKI: EINSTEIN. Berlin 1922.

W. PAULI: Relativitätstheorie. (Encycl. d. Math. Wiss.) Leipzig 1921, Pergamon Press 1958.

W. PAULI: Physik und Erkenntnistheorie. Braunschweig 1961.

M. PLANCK: Akademie-Ansprachen. Berlin 1948.

E. SCHRÖDINGER: Space-Time Structure. Cambridge 1950.

K. SCHWARZSCHILD: Über das Gravitationsfeld eines Massenpunktes nach der EINSTEINschen Theorie. Sitzungsber. d. AdW zu Berlin 1916, 189.

W. DE SITTER: Kosmos. Cambridge (Mass.) 1932.

M. A. TONNELAT: Les théories unitaires de l'electromagnetisme et de la gravitation. Paris 1965.

H.-J. TREDER: Relativität und Kosmos. Berlin, Braunschweig 1968 und 1970.

H.-J. TREDER: Gravitationstheorie und Äquivalenzprinzip. Berlin 1971, Moskau 1974.

H.-J. TREDER: Elementare Kosmologie. Berlin 1975.

H.-J. TREDER: Philosophische Probleme des physikalischen Raumes. Berlin 1974.

H.-J. TREDER: Zur Geschichte der Physik an der Berliner Akademie von 1870 bis 1930. In: „Physiker über Physiker", Berlin 1975.

H. WEYL: Raum, Zeit, Materie. Berlin 1918. 4. Aufl. 1922, 5. Aufl. 1923.

H. WEYL: Theory of Groups and Quantum Mechanics. New York 1931.

H. WEYL: Symmetry. Princeton 1952.

E. P. WIGNER: Relativistic Invariance and Quantum Phenomena. Rev. Mod. Phys. **29**, 255–278 (1957).

E. P. WIGNER: Group Theory and it's Application to the Quantum Mechanics of Atomic Spectra. New York 1959.

C. N. YANG: Elementary Particles. Princeton 1962.

Entstehung, Entwicklung und Perspektiven der EINSTEINschen Gravitationstheorie. — EINSTEIN-Symposium 1965. Herausgegeben von H.-J. TREDER. Berlin 1966.
Darin: J. A. WHEELER, „Wie steht es heute mit EINSTEIN's Idee, alles als Geometrie zu verstehen?“ — Vgl. auch J. A. WHEELER, EINSTEIN's Vision. Berlin, Heidelberg 1968.

FSC
www.fsc.org
MIX
Papier | Fördert
gute Waldnutzung
FSC® C083411

Zeitfracht Medien GmbH
Ferdinand-Jühlke-Straße 7
99095 Erfurt, Deutschland
produktsicherheit@kolibri360.de